我们爱科学 精品书系

唐猴沙猪学数学丛书

U0278217

# 揪出慌数字

寒木钓萌／著

中国少年儿童新闻出版总社
中国少年儿童出版社

北 京

**图书在版编目（CIP）数据**

揪出谎数字 / 寒木钓萌著 . -- 北京 : 中国少年儿童出版社 , 2019.9

（我们爱科学精品书系·唐猴沙猪学数学丛书）

ISBN 978-7-5148-5572-2

Ⅰ . ①揪… Ⅱ . ①寒… Ⅲ . ①数学 – 少儿读物 Ⅳ . ① 01–49

中国版本图书馆 CIP 数据核字（2019）第 154157 号

**JIUCHU HUANGSHUZI**

（我们爱科学精品书系·唐猴沙猪学数学丛书）

出版发行： 中国少年儿童新闻出版总社
中国少年儿童出版社

出 版 人：孙 柱

执行出版人：赵恒峰

| | |
|---|---|
| 策划、主编：毛红强 | 著：寒木钓萌 |
| 责 任 编 辑：万 顿 | 封面设计：森 山 |
| 插 图：孙轶彬 | 装帧设计：梁 婷 |
| 责 任 印 务：刘 澂 | |

社 址：北京市朝阳区建国门外大街丙 12 号　　邮政编码：100022

总 编 室：010-57526070　　　　　　　　　　传真：010-57526075

网 址：www. ccppg. cn　　　　　　　　　　发 行 部：010-57526608

电子邮箱：zbs@ccppg. com. cn

印刷：北京盛通印刷股份有限公司

开本：720mm×1000mm 1/16　　　　　　　　　　印张：9

2019 年 9 月第 1 版　　　　　　　　2019 年 9 月北京第 1 次印刷

字数：200 千字　　　　　　　　　　印数：1-14200 册

ISBN 978-7-5148-5572-2　　　　　　　　　　定价：30.00 元

图书若有印装问题，请随时向印务部（010-57526098）退换。

# 作者的话

　　我一直很喜欢《西游记》里面的唐猴沙猪，多年前，当我把这四个人物融入到"微观世界历险记"等科普图书中时，发现孩子们非常喜欢。后来，这套书还获了奖，被科技部评为2016年全国优秀科普作品。

　　既然小读者们都熟悉，并且喜爱唐猴沙猪这四个人物，那我们为什么不把他们融入到数学科普故事中呢？

　　这就是本套丛书"唐猴沙猪学数学"的由来。写这套丛书的时候我有不少感悟。其中一个是，数学的重要不止体现在平时的考试上，实际上它能影响人的一生。另一个感悟是，原来数学是这么的有趣。

　　然而，要想体会到这种有趣是需要很高的门槛的。这直接导致很多小学生看不懂一些趣味横生、同时又非常实用的数学原理。于是，趣味没了，只剩下了难和枯燥。

　　解决这个问题就是我写"唐猴沙猪学数学"丛书的初衷。通过唐猴沙猪这四个小读者们喜闻乐见的人物，先编织出有趣的故事，再把他们遇到的数学问题掰开揉碎了说。一开始，我也不知道这种模式是否可行，直到我在几年前撰写出"数学西游记"丛书，收到了大量的读者反馈后，这才有了信心。

　　去年，有个小读者通过寒木钓萌微信公众号联系到我。他说手上的书都快被翻烂了，因为要看几遍才过瘾。他还说，他们班上有不少同学之前是不喜欢数学的，而看了"数学西游记"丛书后就爱上了数学。

　　因为读者，我增添了一份撰写"唐猴沙猪学数学"的动力。

　　非常高兴，在《我们爱科学》主编和各位编辑的共同努力和帮助下，这套丛书终于出版了。

　　衷心希望，"唐猴沙猪学数学"能让孩子们爱上数学，学好数学！

你的大朋友：寒木钓萌

2019年7月

# 目录

**揪出慌数字**

## 小唐同学的圈套

太阳当空照，一只乌鸦从我们头顶飞过。悟空闲得无聊，仰头看了一眼，禁不住打了个喷嚏（ti）。

小唐同学本来在埋头思考问题，被悟空吓了一跳，一脸不耐烦地说："哎呀，被你一吵，我都忘了题目是啥了。"

悟空一听，立马有了精神："别着急，师父，我再告诉

你一遍。题目是这样的：话说，有一户人家，院子里有一个大池塘，池塘中有很多水。这户人家有两个水壶，其中一个一次能装5升水，另一个稍大一些，一次能装6升水。有一天，这户人家要从池塘中取出3升水，请问，他们应该怎么做？"

"我知道啦！"原本蹲在地上的八戒一下子站了起来，"也许是猴哥给了我灵感，他刚刚又说了一遍题目，我马上就豁然开朗了，嘿嘿……"

小唐同学看着八戒，一脸羡慕。

啪！沙沙同学用力地拍了一下手掌，说道："哈，我也做出来了！"

小唐同学被沙沙同学的拍掌声惊了一下，身体不由得一抖。他扭头看向沙沙同学，显得十分生气。

沙沙同学见状，赶忙起身，躲得远远的。

看着恼羞成怒的师父，悟空并不害怕，反倒嬉皮笑脸地说："师父，明天又是你挑担子哦。"

"哼，挑就挑！"小唐同学没看悟空，而是把头扭向八戒，向八戒招了招手，"八戒，过来过来，给我讲一下，你是怎么折腾出那3升水的。"

八戒走了过去，眯起眼睛说："你特意问我，不问沙沙同学，看来你是不相信我能解开这道题呀。"

"没错，我就是不相信你，快说给我听听！"小唐同学抱着胳膊。

"这还不简单。你看……"八戒得意地说，"第一步，先把5升的壶装满水，然后把这些水倒进6升的壶里；

第一步

"第二步，再把5升的壶装满水，向6升的壶里倒，直到6升的壶装满水为止。此时，5升的壶里还剩下4升水；

第二步

"第三步，把6升的壶里面的水全部倒掉，然后把刚才那5升的壶里剩下的4升水全部倒进6升的壶里。此时，6升的壶里有4升水；

第三步

"第四步，再把5升的壶装满水，接着向6升的壶里倒，直到6升的壶里装满水为止。此时，5升的壶里就只剩下3升水了。瞧，师父，就是这样啦！"

第四步

"唉……"小唐同学摇着头向担子走去，"我这脑子，怎么现在跟一团糨（jiàng）糊一样了！"

八戒一听，在师父后面捂着嘴偷笑。

"一团糨糊，一团糨糊……"小唐同学挑着担子埋头走路，嘴里还不断念叨着。

悟空见状，走上前去安慰道："师父，每个人都有大脑不灵光的时候，你不要太在意了。"

"一团糨糊，一团糨糊……"小唐同学没搭理悟空，嘴里继续念叨着。

悟空没辙，回头看了看八戒。

于是，八戒也上前安慰道："师父，有竞争就会有失败嘛。谁都有失败的时候，你又何必在意呢？"

"你不明白我的心情。"小唐同学看着八戒说，"最近我的脑子一直蒙蒙的，就像一团糨糊一样，太可怕了！"

"不会吧，到底发生了什么事？"八戒不解地问。

"八戒，你知道吗？"小唐同学显得有些着急，"昨晚你们睡着后，我一直在想一个问题，可是想了半宿也没有想明白。"

"是什么问题呀？"八戒好奇起来。

"硬币都有正反两面，这没错吧？"小唐同学皱着眉头。

"当然，地球人都知道！"八戒不屑地说。

4

  "但是你知道吗？有人说，如果桌子上放着3枚硬币，那么至少有2枚硬币的正反面朝向是一样的。这我就想不明白了。"小唐同学摊着手说。

  "哎呀，这有啥不明白的！"八戒解释道，"假设桌上有A硬币、B硬币和C硬币，而A硬币和B硬币的正反面朝向不一样，咱们再具体一点儿，假设A硬币正面朝上，B硬币反面朝上。再看C硬币，它只会出现两种情况：要么正面朝上，要么反面朝上。不管是哪面朝上，它的正反面朝向都会跟A、B硬币中的一枚一样。也就是说，在3枚硬币中，至少有2枚硬币的正反面朝向一样。明白了吗？师父。"

  "我还是有点儿晕。我不相信你说的。"小唐同学把担子放在一棵大树下，开始跟八戒争论起来，"如果你说的是对的，那么把3枚硬币抛出去，它们的正反面朝向都一样的可能性就是50%！为什么呢？你想呀，3枚硬币中一定有2枚硬币的正反面朝向一样，而第三枚硬币只有两种可能：正面朝上或者反面朝上，也就是说，它正面朝上和反面朝上的可能性各占一半。所以，抛出的3枚硬币落地后，正反面朝向都一样的可能性就是 50%。"

"对呀师父，你的思路没错，挺有逻辑的，脑子一点儿也不像糨糊嘛。"八戒应和道。

"八戒你别夸我。真的，可能是昨晚没睡好，我现在特别晕。"小唐同学说，"你也承认我的思路没错。但是我怎么想都觉得，3枚硬币落地后，正反面朝向都一样的可能性是 50%，这个结论应该不对。"

"怎么不对呀，肯定没问题。"八戒笃（dǔ）定地说，"要不咱们现场试试？"

"你是说……赌一下？"小唐同学睁大眼睛看着八戒。

"那就赌一下呗，师父你说怎么赌？这次依你。"八戒一副自信的样子。

"这样吧，咱们把 3 枚硬币抛出去，如果落地后它们的正反面朝向都一样，那我以后就替你挑两天的担子。"小唐同学说，"如果 3 枚硬币落地后，正反面朝向不完全一样，你以后就替我挑一天的担子。抛几次你来定，如何？"

八戒笑了笑，随后把头转向我们："寒老师、猴哥、沙

师弟，你们都看好了，这次可不是我欺负师父，是师父自己要赌的。"

"这是你们两人之间的事，我们管不着。"我说。

"师父，你不能赌！"悟空朝小唐同学喊道，"你肯定会输的！"

小唐同学大手一挥，坚定地说："悟空，你别管我。为了思考这个问题，我昨晚半宿没睡，如果不真正试一下，以后可能天天都睡不着觉。你愿意看我天天睡不着觉吗？"

"好吧，那我不管了。"悟空无奈地说。

小唐同学从兜里掏出了 3 枚 1 元硬币，就好像事先准备好了似的。他握着硬币对八戒说："八戒，你抛还是我抛？"

"都一样。要不你就亲自抛吧师父。"八戒一脸笑容。

小唐同学毫不客气，一下就把 3 枚硬币抛向空中。硬币落地后，两人立马蹲下来查看。我和悟空、沙沙同学觉得挺好玩的，也都围过去查看硬币的情况。结果是 2 枚硬币正面朝上，1 枚硬币反面朝上。

3 枚硬币的正反面朝向

不完全一样，八戒输了。

"没事！再来！反正抛几次我说了算。"八戒仍然面带微笑。

小唐同学二话不说，捡起3枚硬币，又抛了起来。结果，这次是2枚硬币反面朝上，1枚硬币正面朝上。

八戒的脸有点儿红了，他捡起硬币，犹豫着说道："要不换3个硬币吧。你们谁有？"

"我有！"沙沙同学说完就开始掏硬币。

"八戒，你不相信我呀？难道我还能在硬币上做手脚不成？"小唐同学噘着嘴说。

"师父，不是我不相信你，只是比赛就应该在最公平公正的前提下进行！"八戒接过沙沙同学递过来的硬币，一把抛了出去。

结果呢，还是2枚硬币反面朝上，1枚硬币正面朝上。

"八戒，你已经输了好几次了，还来吗？"小唐同学问。

"来！"八戒又抛了一次硬币。结果，这次3枚硬币都是正面朝上。

"哈哈，我的运气来了！"八戒说，"我要把刚才输掉的都赢回来！"

"还来吗？"小唐同学继续问。

"来呀！"说完，八戒又抛了一次。

然而，这次八戒又输了。但他还不死心，又抛了一次，结果又输了。

"你要是再输下去，我看我以后就不用挑担子了。"小唐同学提醒道。

"不行，接着来！"八戒大声说。

"别来了！"我一把拉住八戒，"八戒，玩的次数越多，你就会输得越惨！难道你想输给小唐同学100次吗？"

"啊？"八戒听我这么一说，顿时犹豫了，"可是我已经输给他好几次了，我要把之前的赢回来！"

"你永远都赢不回来，只会越输越多！"我对八戒说完，又转向小唐同学，"小唐同学，不能太贪了。你已经赢了八戒好几次了，适可而止吧。你想想，万一八戒输红了眼，一直在这儿跟你赌，不走了，那可怎么办？"

"好吧，我同意，不继续赌了。"小唐同学说，"八戒只替我挑一次担子就行，剩下的我就不计较了。"

"哈哈哈……"悟空忍不住大笑起来，"一开始我还担心师父会输，没想到却是这样的结局，太搞笑了！"

小唐同学也偷偷地笑，原来，这其实是他给八戒设的圈套。

八戒看上去烦躁（zào）极了，他红着脸问道："寒老师，这到底是怎么回事？我觉得我的想法没错呀！"

"你原先的想法是没错，但后来你被小唐同学带到沟里去了！"我拍着八戒的肩膀说。

"八戒，我来给你讲讲这是怎么回事吧。"小唐同学想缓和一下气氛。

"走开！你这个大骗子！"八戒一把推开了小唐同学。

"就好像你没有骗过我似的！"小唐同学一甩手，生气地走开了。

## 3 枚 硬 币

硬币都有正反两面。当抛出去的3枚硬币落地后，至少有2枚的正反面朝向是一样的。这个结论没错，因为每枚硬币要

么正面朝上，要么反面朝上，不会出现第三种状态。因此，抛出去的3枚硬币只会出现以下2种情况：

第一种情况：3枚硬币的正反面朝向都一样。

第二种情况：2枚硬币的正反面朝向一样，第三枚不一样。

以上2种情况全都符合至少2枚硬币正反面朝向一样的结论。

或者，我们还可以这样来解释：如果第一枚和第二枚硬币的正反面朝向不一样，那么第三枚硬币无论是哪个面朝上，都会跟前2枚硬币中的1枚一样，所以，至少有2枚硬币的正反面朝向一样。

小唐同学正是利用了这个推断，一步步把八戒带到沟里去的。

很多人可能跟八戒一样，相信了小唐同学的推断，认为既然3枚硬币每次至少都会有2枚的正反面朝向一样，那么第三枚硬币只有2种可能，要么正面朝上，要么反面朝上，各占50%的可能性，于是3枚硬币的正反面朝向都一样的可能性也就是50%。

这显然是错的。咱们不妨把所有情况都罗列出来，这样就一目了然了。

第一种情况：正正正

第二种情况：正正反

第三种情况：正反反

第四种情况：反反反

第五种情况：反反正

第六种情况：反正正

第七种情况：反正反

第八种情况：正反正

瞧，如果把 3 枚硬币抛出去，它们落地后总共会出现 8 种情况，而出现正反面朝向都一样的情况只有 2 种。也就是说，抛出 3 枚硬币后，出现正反面朝向都一样的可能性是 $\frac{2}{8}$，也就是 $\frac{1}{4}$。而出现 2 枚硬币正反面朝向一样、另一枚不一样的可能性是 $\frac{6}{8}$，也就是 $\frac{3}{4}$。如此说来，在上文故事中，小唐同学赢的概率是八戒的 3 倍！

因为 $\frac{3}{4} \div \frac{1}{4} = 3$。

这就是小唐同学得逞的原因。

我们又上路了。

八戒耷（dā）拉着脑袋往前走。

"嗨嗨嗨，担子！"小唐同学对八戒喊道。

"啊？这次就替你挑呀？"八戒嘟囔了一句，转身回去挑起了担子，重新出发。

八戒快步追上小唐同学，郁闷地说："师父，你好过分，居然坑我替你挑担子！要不是寒老师拦住我，我还继续跟你赌呢！"

"什么叫以智取胜？这就是。"说完，小唐同学背着手，吹着口哨，一个人走到前面去了。

八戒的体力就是比小唐同学好，换成他挑担子后，我们的行进速度快多了。

远远看去，前方是一片黑压压的森林。我们原以为，这片森林会像上次的一样，需要耗费我们很长时间才能穿过去，没想到，我们只用2小时就走出来了。

继续走过一块小平原，穿过一片树林，我们来到一座大山脚下。前方是一条长长的峡谷，我们停了下来，商量着要

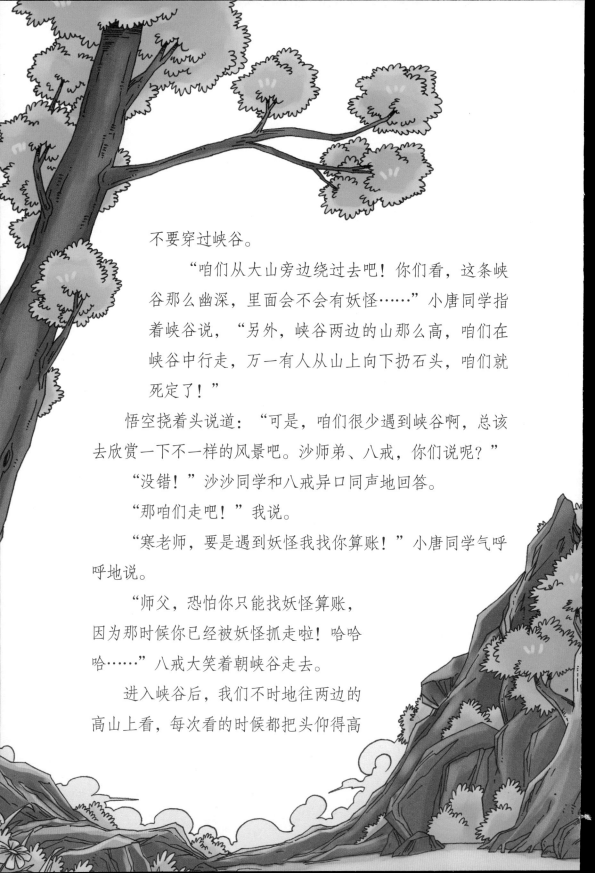

不要穿过峡谷。

"咱们从大山旁边绕过去吧！你们看，这条峡
谷那么幽深，里面会不会有妖怪……"小唐同学指
着峡谷说，"另外，峡谷两边的山那么高，咱们在
峡谷中行走，万一有人从山上向下扔石头，咱们就
死定了！"

悟空挠着头说道："可是，咱们很少遇到峡谷啊，总该
去欣赏一下不一样的风景吧。沙师弟、八戒，你们说呢？"

"没错！"沙沙同学和八戒异口同声地回答。

"那咱们走吧！"我说。

"寒老师，要是遇到妖怪我找你算账！"小唐同学气呼
呼地说。

"师父，恐怕你只能找妖怪算账，
因为那时候你已经被妖怪抓走啦！哈哈
哈……"八戒大笑着朝峡谷走去。

进入峡谷后，我们不时地往两边的
高山上看，每次看的时候都把头仰得高

高的，脖子都酸了。山坡上有一些突出的大石头，看上去随时会掉下来。我不由得吸了口凉气——这里确实很危险。

走了一小时，前方的路越来越狭窄。由于阳光难以射进来，四周变暗了不少。大家小心地低头走路，都不说话，只是偶尔抬头往山上看看。

突然，我们听到一声大喝："站住！"

大家抬头一看，发现前方的路上有好多拿着刀枪的士兵。

完了，我们被拦截了！

大家不约而同地往后看，那是我们唯一的退路。不幸的是，后方的路也瞬间被十几个士兵堵住了，他们是从灌木丛里冒出来的，个个都拿着长刀。

　　"我之前说的没错吧！这下怎么办？"小唐同学跺着脚埋（mán）怨我们。

　　悟空握紧金箍棒："我负责对付前面的士兵，八戒、沙师弟，你俩负责抵挡后面的进攻。"

　　"那还有上面呢！上面也可能有埋伏啊！"小唐同学又着急地跺起脚。

　　"师父，你就别添乱了！"八戒边说边往头顶看去，不看还好，一看，腿立即软了。

　　只见峡谷两边高高的山上站着好多士兵，正如小唐同学所料，他们的手里都抱着大石头。

　　"各位好汉！我们不是有钱人！你们劫错人了！"小唐同学仰头对山上的士兵大喊道。

　　"我们一不劫钱，二不抢物，只要人！"山上的士兵对我们说。

　　要人？难道他们喜欢吃人？

　　前面的士兵开始向我们走近，后面的士兵也逐渐靠了上来，情况十分危急。

　　"好吧，我们投降！"悟空把金箍棒放到地上，大声说。

前后堵截我们的士兵们一听，立即得意地哈哈大笑起来。

奇怪，这次居然不是小唐同学先投降，而是善战的悟空！他是怎么想的？

"这样最好啦！"一个人高马大的士兵放下指着我们的剑，说道，"伤着你们也是我们的损失！"

奇怪，这又是什么意思？

"那你们就跟我们走吧！"那个士兵朝我们招了一下手，转身向峡谷前方走去。他根本不担心我们不听话，因为后面有一堆士兵押着我们呢！悟空捡起地上的金箍棒，跟我们一起乖乖地往前走。

十几分钟后，我们跟着士兵走出了峡谷，来到一处四周被高山包围的小平原。

远远看去，小平原的中间有一座雄伟的城堡，围墙很高。

押着我们的那些士兵一点儿也不把我们放在眼里，因为他们觉得自己人多势众，我们跑不了。然而，他们错了。

悟空小声对八戒和沙沙同学说："你俩保护好师父和寒老师，我要跟他们斗一斗。"

说完，悟空朝前面的士兵大喊一声："喂，停下，我们不走了！"

前面的士兵们听到后纷纷止步。那个人高马大的士兵脸上露出坏笑："怎么了，你们要上厕所吗？"

悟空本来一脸严肃，一听这话，哭笑不得，不知该如何说了。

"咱们就此别过吧！"八戒对他们说，"我们要上路了，谢谢你们护送我们到这里！"

"嗯？"那个人高马大的士兵皱起眉头，"想跑是吗？小心我对你们不客气！"

"你过来试试！"悟空手拿金箍棒，紧紧地盯着他。

那个人高马大的士兵立刻怒了，大喝一声："兄弟们，给我上！"

话音一落，身前身后的士兵都向我们冲来。然而，他们哪里是悟空、八戒和沙沙同学的对手，不一会儿，几十个士兵就被打翻在地。

他们躺在地上，疼得直打滚儿。

悟空坐在一旁，跷着二郎腿说："哼，谁叫你们非要抓我们，自讨苦吃！"

那个人高马大的士兵爬起来，双手抱拳，郑重地说道："几位大侠，你们正是我们要找的人！"

啊！这家伙究竟要干吗？

"你们抓我们到底是因为什么啊？"小唐同学大声问。

"最近，我们峡谷王国的士兵越来越少，请你们加入到我们的队伍中吧！"人高马大的士兵又抱拳道。

"你们的士兵为什么越来越少？难道这里有流行病？"我疑惑地问。

"不是。我们与邻国之间经常发生冲突。最近，敌人的箭射得越来越准，标枪投得也很准，每次跟他们交战，我们都会牺牲好多士兵。眼看士兵的数量越来越少，我们不得不到处抓壮丁。"人高马大的士兵说。

"想求我们帮忙？"八戒摆起谱来，"先带我们去见见你们大王，再给我们做一大桌好吃的！"

"你同意帮我们作战了？"人高马大的士兵一脸兴奋。

"我可没说同意。但是，也许我们能帮上你们一点儿忙。"八戒说，"快来挑上我的担子，咱们走吧！"

于是，那个人高马大的士兵吆喝起地上的同伴们，大家直奔城堡而去。一个小兵替八戒挑着担子，我们都在后面跟着。

路上，沙沙同学问八戒："你知道怎么帮他们？"

"不知道，我只知道他们那里肯定有好吃的。"八戒眨了眨眼睛，小声说道。

进入城堡后，我们来到一个大厅里，见到了他们的大王。那个人高马大的士兵向大王夸赞我们几个的功夫如何如何了得。

大王一听，脸上露出了灿烂的笑容。

"大王，你别高兴得太早了！"悟空一屁股坐到椅子上，昂着头说，"我们可不会给你们当士兵。"

听到这话，大王一脸的失望。

八戒一看这情况，担心他们不给饭吃，赶紧说："不过呢，等我们填饱肚子后，也许能帮你们点儿什么。"

"那就好，那就好！"大王的脸上又露出了笑容，赶紧吩咐身边的侍卫，"快去告诉厨师，多做些好吃的！"

半小时后，我们吃上了热腾腾、香喷喷的饭菜。

八戒不断地往嘴里塞食物，一边嚼一边说："寒老师，待会儿就看你的了。"

"看我什么？你吃得最多，办法你来想！"我说。

"寒老师，你……"八戒差点儿被噎到。

吃完饭后，我们来到大王的议事室。大王笑盈盈地看着我们，可我们几个坐在桌前，面面相觑（qù），谁也不说话。

　　最后，还是八戒打破了沉默："大王，听说你们的敌人箭法很准，标枪也投得很准，所以你们的士兵越来越少，是这样吗？"

　　"是的，真令人头疼。"大王说。

　　"难道你们的士兵在战场不穿盔甲，一点儿防护也没有吗？"八戒问。

　　"有啊！"大王旁边的一个谋士说道，"我们的士兵都穿盔甲，但是我们的盔甲不够坚硬，常常被射穿。"

　　"那就加厚盔甲呀！"八戒一拍大腿，"这还不简单！"

　　"没你想的那么容易。"大王说，"可能是你没有上过战场吧。这是一个矛盾，你知道吗？盔甲越薄越轻巧，打仗的时候，士兵们的行动就越灵活，但是容易被敌方的弓箭和标枪击穿；盔甲做得越厚，防护当然就越好，但是重量也增加了不少，士兵们穿起来行动不便，容易吃败仗。"

　　"嗯，大王说的极是，这确实是个矛盾。"我说，"看来，只有在士兵最容易中箭的地方加厚盔甲，才能有效地减少伤亡。"

　　"有道理。但是我们该怎么做呢？"大王露出期盼的表情。

"我们不能随便下结论，需要先统计一下。"我说。

"统计？统计什么？"八戒不解。

"就是对已知的数据进行一些统计。"我说。

"但是我们没有数据呀。"八戒歪着头说。

"一会儿就有了。"我转头看向大王，"大王，我需要500个士兵的盔甲，而且，这些盔甲得是士兵们穿着上过战场的。"

大王一听，面露难色："我们的盔甲不多，给你之后，士兵们就没的穿了。"

"哎呀，我不是要盔甲，只是把它们拿来做一下统计，然后就还给你们。"

沙沙同学看着我说："寒老师，要不就让曾经上过战场的500个士兵穿着盔甲一一过来，你统计完一个，他们就回去一个，这样岂不是更省事？"

"还是沙沙同学聪明，就这么干！"我笑着说。

大王同意了我们的方法。他命令500个士兵穿着盔甲来到广场上，整整齐齐地站好，然后挨个过来让我们统计。

第一个士兵来到我们跟前。

"请问，你在战场上战斗时，什么部位曾经被弓箭或标枪击中过？"我问。

"这里。"那个士兵指着胳膊说，"你瞧，这里有一个小洞。"

"还有这里！"士兵又指了指肩膀，那里也有一个被弓箭射过的痕迹。

"好！你可以回去了。"我对那个士兵说完，转头嘱咐八戒，"八戒，你把这些都标记上。"

"好嘞！"八戒马上拿起笔开始标记。

在我们旁边的地上立着一套崭（zhǎn）新的盔甲作样本。八戒手拿一支红笔走近样本盔甲，在刚才那个士兵提到的地方，也就是胳膊和肩膀的相应位置，分别用红笔轻轻地点了一个红点。

下一个士兵来到我们跟前。他告诉我们，他的左腰处被弓箭击中过，当时盔甲被击穿了，他的腰也受了伤。

八戒又在样本盔甲的左腰位置用红笔标了一下。

就这样，我们统计了好久，总算把 500 个士兵所穿盔甲

的被击穿情况统计完了。现在，立在地上的样本盔甲上已经满是红点，不过，有的地方红点很少，有的地方红点却非常多，以至于连在一起，变成了红红的一片。

"真棒！你们做的这个统计真是太好了！"大王绕着盔甲来回踱步，一边看一边说，"这么多年来，我还真不知道士兵身上的哪些部位最容易被弓箭和标枪击中，现在一目了然了！"

### 会"说话"的数据

统计学是数学的一个重要分支。它是通过对数据进行收集、整理、归纳等，让杂乱的数据"说话"，告诉我们一些信息。

这就好比，你的书房里有几百本各种各样的书，但它们都杂乱地堆在一起，别人走进你的书房，一眼看去，很难知道你有哪些类型的书，以及每种类型的书大概有多少。但是，如果你把这些书分门别类地放在书架上，别人就能一眼看出你有什么书，喜欢读哪种类型的书了。

瞧，数据可不只是一个个枯燥的数字，你把它们整理好了，它们就会"说话"，告诉你很多有用的信息。而整理和分析数据，就是统计学要做的事。

还拿刚才的书房来说，假设经过统计得出，你的书房里有80本科普书，20本漫画书，6本文学书，那么这些数据能告诉我们什么呢？

通过数据，我们将会分析出：你对科学的兴趣最大，其次是漫画，然后才是文学。

## 令人吃惊的统计结果

我们每天都要吃饭、睡觉、学习或工作。现在，如果有人突然问你：按照一个人活78岁来算的话，人的一生中花在吃饭上的时间总共是多少？用在工作上的时间又是多少呢？

你可能会说："这谁能答得上来呀，我又没有进行过统计。"既然如此，我们就来看看德国一家杂志公布的调查统计结果吧！

一个活到78岁的德国人一生中花在各项活动上的时间大概为：

花费24年零4个月的时间在床上睡大觉；

用在工作上的时间只有7年；

5年的时光是从盘碗边流过的，全部用于吃喝；

5.5年的时间坐在电视机前自我娱乐；

在路口的红灯前或交通堵塞中度过了6个月；

…………

看到上面这些统计数据，你是不是很惊讶？虽然这只是德国某杂志的统计结果，但也可以说明，人的一生中需要花很多时间睡觉，而用在工作上的时间却相对较少。

广场上的士兵们都离开了。我们回到了大王的议事室，那套满是红点的样本盔甲也被搬到了议事室，就立在我们身边。

八戒站在盔甲旁，一边端详着盔甲上的那些红点，一边频频点头。

"大师，你有何高见？"大王一脸期待地看着八戒，他现在管我们每个人都叫大师。

"嗯，这身盔甲告诉了我们很多东西。"八戒若有所思。

"是的是的，我也这么想。"大王说。

"大王你瞧，"八戒指了指样本盔甲的肩膀部分，"两个肩膀上的红点多极了，连成了红红的一大片！还有两个手臂上，也是红红的一片，就好像戴着一双红套袖。"

"是的是的。"大王在旁边附和道。

"而盔甲的头、脖子、心脏，还有膝盖等位置的红点都很少。"八戒说，"这就很明显啦！统计表明，士兵上战场时，最容易被攻击的地方就是两个肩膀，还有两条手臂。所以，

你们加厚肩膀和手臂处的盔甲，就可以减少伤亡了。"

"英雄所见略同！"大王高兴地拍了一下手掌，"我第一眼看到这身标着红点的盔甲时也是这么想的。"

"统计学真是有用啊！"小唐同学感叹道，"我跟你们的看法一致。加厚肩膀和手臂处的盔甲应该是个好办法。"

"传旨！"大王立刻对旁边的一个士兵下命令，"从明天开始，把所有的盔甲全部改造一遍，加厚肩膀和手臂处。"

"遵旨！"那个士兵说，"我这就去通知工匠！"

"等等！恐怕不能这么做！"我急忙劝阻道，"恰恰相反，你们应该把盔甲的头、脖子、心脏，以及膝盖部位加厚。"

"你这是什么歪理邪说？"八戒用质疑的眼光看着我。

"首先，大家要明白一点，咱们上午统计了 500 个士兵的盔甲，而这些士兵全都是活着从战场上回来的。至于那些牺牲在战场上的士兵，咱们可没有进行统计呀！"

大王一听，连忙说道："大师，那些牺牲在战场上的士兵，我们真的没有办法弄回来，不可能对他们进行统计。"

"差不多就行了，寒老师。"八戒抱着胳膊说，"500个盔甲的数据已经不少了，虽然数据越多越精确，但是这也足够了吧。"

"不是这样的！你们想呀，我们之所以得出肩膀和手臂处的盔甲被击穿次数多的结论，是因为那些肩膀和手臂受伤的士兵都活着回来了。而那些头、脖子、心脏等处受伤的士兵，大都没有活着回来，所以我们统计到的这些部位的数据不多，让大家误以为头、脖子、心脏等处受伤的次数少。其实，这些部位才是关键，一旦被击中，士兵就可能回不来了。"

"对呀！有道理！"沙沙同学说，"不过，我有点儿不明白，像头、脖子、心脏等地方是人体的要害部位，士兵受伤后可能会回不来，所以样本盔甲上的红点很少。但是膝盖应该不是要害部位，为什么样本盔甲上的红点也那么少呢？"

"我刚才也一直在琢磨这个问题，后来我想明白了。"我解释道，"是这样的，士兵在后撤或者被敌人追击时，如果手臂被击中，还是能忍着痛逃跑；不过，如果膝盖处的盔甲被击穿，那可就麻烦了，士兵虽然不会马上牺牲，但却会因受伤而难以快速逃跑，结果就是落入敌人手里。"

"原来如此！"悟空揪着八戒的耳朵说，"八戒，看你刚才出的那个馊主意，要是大王按照你说的去实施，根本减少不了士兵的伤亡。"

八戒一听，顿时感觉特没面子。他红着脸嘟囔道："寒老师，你真没劲，非要等我说完了错误的结论你才开口，你为什么不早点儿说呢？"

"不是我不早说，而是你不经过思考就着急说。我刚刚琢磨了半天，这才想起来，咱们现在遇到的这种情况叫作幸存者偏差。"

"幸存者偏差？这又是什么东西？"沙沙同学挠着头问。

## 幸存者偏差

　　说起幸存者偏差，那就不得不提到一个有趣的故事。第二次世界大战的时候，轰炸机已经广泛使用在战场上。可在那时，轰炸机的飞行速度还不是很快，很容易被敌方的机枪和火炮击落。

　　当时世界主要分成两个阵营：一个是轴心国阵营，由德国、日本、意大利等国家组成；另一个是同盟国阵营，由中国、苏联、美国、英国、法国等国家组成。

　　同盟国的轰炸机去轰炸德国、日本时，有很多不幸被敌方击落。为了减少轰炸机在敌人防空炮火中的损失，同盟国决定为轰炸机加厚装甲。

　　加厚装甲并不难，但问题是，到底该

在轰炸机的哪个部位加厚装甲呢？总不能把它们全身的装甲都加厚吧？要是那样的话，轰炸机很难飞起来，就算能飞起来，飞行速度也很慢，更容易被击落。这可怎么办呢？

一个叫亚伯拉罕·沃尔德的数学家奉命去解决这个难题。

沃尔德到底是怎么做的呢？他首先画了一张轰炸机的草图，然后呢，每天等着一架架轰炸机从战场上返回。轰炸机返回后，沃尔德就去统计它们的弹孔数量和位置，并把中弹位置标记在他之前画好的那张草图上。

很快，草图上的轰炸机就被"弹孔"覆盖了，只有几个地方例外。

沃尔德在草图上统计弹孔的示意图

很多人看到草图后都感到惊讶，原来，轰炸机的机翼和机身这么容易中弹，那些地方的弹孔密密麻麻的，都连成一片了；

而机头和发动机所在位置的中弹次数却比较少，几乎没有被标记过。

就在一些人认为应该加厚机翼和机身的装甲时，沃尔德提出了反对意见："我们应该加厚驾驶舱和发动机处的装甲！为什么呢？我们应该多想想那些没有返回的轰炸机。这两个位置只要中弹，轰炸机多半就回不来了。正是因为这两个位置中弹后轰炸机大多无法安全返回，所以草图上的弹孔标记才非常少。"同盟国按照沃尔德的方法加厚了轰炸机相应位置的装甲，果然减少了不少损失。

看完这个故事，大家是不是就能明白什么是幸存者偏差了？当我们获得数据的渠道仅仅来自于幸存者的时候，这些数据传达给我们的信息可能会与实际情况不同，这就是幸存者偏差。

幸存者偏差容易让人产生错误的认识，这时，我们该如何应对呢？最好的办法就是把"死者"考虑进去。就像上面故事中的沃尔德，他考虑到了那些没有返回的飞机的中弹情况，所以才找到了解决问题的正确方法。

## 变成泥巴人

解决了盔甲问题后，第二天一早，我们又上路了，还是由八戒挑担子。

中午的时候，我们来到一座大山脚下。那里有一个山洞，我们钻了进去，在山洞里歇歇脚。

"数学真有用！"小唐同学坐在箱子上感叹，"我本来以为，数学顶多能帮我赢得一些和八戒的赌注，没想到它还能被用在战场上。"

"要是你了解第二次世界大战的历史，你就会知道，数学在战争中的应用无处不在，而且有不少有趣的故事呢。"

"是吗？快说来听听。"小唐同学睁大眼睛看着我。

我推了推眼镜："话说……"

然而，我的话刚开头就被八戒打断了。

"哎呀，光说有什么意思。"八戒站起来，转向悟空，"咱们为什么不亲自去经历一下？你说呢，猴哥？"

"我同意！"悟空也站了起来，"咱们可以把担子暂时放在这个山洞里，然后穿越到二战时期的欧洲看一看。"

大家都拍手赞同，于是，悟空马上就带着我们几个穿越到了二战时的欧洲……

我们落在一个大坑里，好像是一个大弹坑。四周不断传来尖锐的防空警报声，吵得我有些头疼。远处有街道和建筑物，好多士兵在大街上跑来跑去，似乎在准备着什么。

"这是哪里？"小唐同学趴在坑边，身体微微颤抖。

没人顾得上回答小唐同学，因为天上有一些可怕的东西出现了。

"快看！"八戒指着天空，"好多飞机！"

"不好！咱们遇到危险了！"我的话刚说完，天上的飞机就开始扔炸弹了。

好多炸弹从飞机的肚子里冲出，直奔地面而来。

我们没有地方可逃，这个大坑是我们目前唯一可以躲藏的地方。

"快趴下！"我大声对大家喊道。

　　一颗炸弹落在我们旁边。轰！一声巨响过后，地动山摇，我们的耳朵被震得嗡嗡响。炸弹爆炸掀起的泥土向我们倾泻而来，几秒钟不到，我们就被泥土掩埋了。

　　过了好半天，我们才从泥土里钻出来，每个人的脸上、身上全是泥土，差点儿都认不出谁是谁了。

　　"呸呸呸！"小唐同学吐掉嘴里的土，哭丧着脸说，"悟空，这到底是哪里呀？"

　　"我也不知道。"悟空显得有些茫然，"我只知道这里是欧洲。"

　　"快看，那边有一个带'卐'标志的纳粹德国旗帜，这里应该是纳粹德国的控制地。"我指着远处一栋房屋上的旗帜对大家说。

"寒老师，纳粹德国后来是不是战败了？"八戒问道。

"是的！"

"猴哥，真有你的！"八戒埋怨道，"去哪里不好，非把我们带到战败国来挨轰炸！"

"那你说去哪里？"悟空也怒了。

八戒指着天空，说道："跟着天上那些飞机去战胜国！"

"行！"悟空一打响指，瞬间就带着我们来到了英国的一个军用机场。

机场上停着好多飞机，都是战斗机和轰炸机。还有一些飞机正在降落，这些刚降落的飞机，要么机翼上有好几个洞，要么尾翼上正在冒着烟。

一位将军站在机场旁边，一脸愁容地看着那些受损的飞机。我们走了过去，想跟他了解一下情况。

"将军！"沙沙同学率先开口，"虽然这些飞机有些受损，但是它们也算完成任务，安全返回了。这是值得庆贺的事，为何你还满脸愁容呢？"

将军扭头看了我们一眼，又回头看向飞机，沉重地说："你们只看到了眼前这些飞机，实际上，还有一大半飞机没有回来，它们被德军击落了，飞行员也下落不明……唉，照这样下去，我们可能很快就没有飞机和飞行员了。"

哦，原来是这样。盟军的飞机虽然能狠狠地轰炸德军的阵地，但是自身也损失惨重。

有什么办法能减少飞机和飞行员的损失呢？正当我们为这个问题苦苦思索时，一位军官走过来向将军汇报。

"将军，那几个统计学家的统计工作快完成了，估计半小时后，他们就能向您汇报情况了。"那位军官说。

"唉……"将军看也没看那位军官一眼，还是盯着不远处冒烟的飞机，"他们的汇报有什么用呢？当务之急是尽快制造出性能更棒的飞机，减少飞机的损失和飞行员的伤亡。"

"有用！"小唐同学郑重地说，"统计学能解决士兵盔甲的问题，应该也能解决飞机受损的问题。"

小唐同学把我们帮助峡谷王国解决盔甲问题的事情讲了一遍。

将军一听，顿时对我们刮目相看。他仔细打量着我们，说道："你们几个泥巴人，要不要跟我到办公室洗洗脸？"

我们一听，内心好不激动。将军转身朝机场旁边的一座房子走去，我们赶忙跟上去，来到他的办公室。等我们五个人排队洗完脸后，那位军官之前提到的几个统计学家也走了进来。

"有什么发现吗？"不等统计学家们开口，将军就问他们。

"将军，经过大量统计，我们发现，我们的飞机在前去轰炸德军阵地的路上，被击落的很少；在轰炸的过程中，被击落的也很少。但是，当飞机按原路返回时，情况就变得很糟糕，大量飞机都是在返回的途中被击落的。"

"哦？这我倒是从没预料到。"将军说，"但这是为什么呢？"

"将军，"一个统计学家说，"我们推测，原因应该是……"

"等等！"将军打断了他的话，仔细想了想，"我先说说我的推测，看看是不是跟你们的一样。"

"您说。"那个统计学家很恭敬。

"当我们的飞机前去轰炸时，德军不能预先知道它们的到来，也不知道它们最终要去轰炸哪座城市，因此无法组织有效的反击。"将军说，"但是，当我们的飞机执行完任务返回时，德军就能预测出我们的飞机将从哪条路线返回。他们可以算准时间，派出大量飞机去进行拦截。等我们的飞机出现时，敌方飞机已经占据了非常有利的位置，我们就会被打个措手不及。是这样吗？"

"将军果然久经沙场，您的推测跟我们几人的推测一模一样！"一个统计学家回应道。

将军苦笑着说："虽然咱们知道了这些，但是又能做些什么呢？难道让咱们的飞行员不返回吗？"

"是的，不让他们返回。"一个统计学家点了点头。

"笑话！"将军的语调一下子提高了，"不返回？难道降落在德国？把飞机和飞行员全送给德军吗？"

"将军，德国的东边是咱们的盟国苏联。咱们的飞机完成任务后，可以不掉头，直接飞向苏联，在苏联的机场短暂停留，补充弹药和燃料，然后掉过头来，从苏联出发，继续轰炸德国，再一路向前，直接飞回我国。飞机的这种轰炸行动一来一回，就像钟摆一样，所以我们可以给这样的轰炸计划起名为'钟摆轰炸计划'。"

"太妙啦！"将军一下子从椅子上站起来，兴奋地说，"就这么干！立即实施'钟摆轰炸计划'！"

这方法真是不错，我们在旁边听得也很激动。小唐同学实在按捺（nà）不住，凑上前说："我就说嘛，进行统计后就更容易发现问题到底出在哪里，然后才可能提出对症下药的好计策。"

"对对对！"将军朝小唐同学笑了笑，又转头对那几个统计学家说，"感谢你们的辛勤工作。你们的工作对这场战争来说实在是太重要了！"

"谢谢将军的夸奖，那

我们就先回去了，还有大量的统计工作正等着我们去做呢。"几个统计学家向将军告辞后，一起走出了办公室。

这是战争年代，将军的工作很忙，我们不好意思再打扰他，也赶紧离开了。

悟空带我们穿越回之前的山洞里。此刻已经是晚上了，山洞里伸手不见五指，我们燃起一堆篝（gōu）火，山洞里这才亮堂起来。

"哎呀！"八戒惋惜地说，"咱们应该在英国多待一段时间，看看那些统计学家提出的方案到底有没有实施。这还什么都不知道呢，咱们就回来了，真是……"

"这么好的方案，怎么会没实施呢。"我说。

于是，我把著名的"钟摆轰炸计划"详细地讲给了唐猴沙猪，他们听后都忍不住赞叹统计学的神奇……

知识板块

"钟摆轰炸计划"

第二次世界大战后期，同盟国的军队希望利用飞机尽可能多地轰炸德军的工业设施和军事目标，同时也要尽量减少己方飞机的损失。

要达到这两个目的，难度非常大。为了更好地解决问题，盟军专门组织了一个智囊团。智囊团中的统计学家发挥了很大的作用。在统计被德军击伤、击落的飞机资料时，他们惊奇地发现：盟军的飞机在前去轰炸的路上和进行轰炸的过程中，被击中的数量低于返航途中被击中的数量。

统计学家分析了一番，终于找到了原因。原来，德军在受到轰炸后，会立即算准时机，调动飞机去盟军飞机的返航路线上拦截，出其不意地对返航的盟军飞机展开攻击。

找到原因后，统计学家提出了"钟摆轰炸计划"：盟军的飞机从英国机场起飞，轰炸完后并不返回英国，而是继续向东飞入苏联境内，在苏联的基地补充燃料、弹药后，再往回飞，进行二次轰炸，最后才返回英国机场。这招果然好使，从此，盟军飞机的损失大大减少了。

## 卡在洞中的八戒

箱子里还有一些干粮，吃完晚饭后，我们每人举着一个火把，到洞外捡了很多干草和干柴回来。

把厚厚的干草铺在地上后，我们围着篝火又开始漫无边际地聊起天来。

聊着聊着，小唐同学突然说："寒老师，明天的担子还不知道由谁挑呢，你还不赶紧出个题？"

"师父，人家寒老师不急你急啥？"八戒说，"以后若是寒老师忘了，那就由寒老师挑一天担子，你们同意吗？"

"同意！"唐猴沙异口同声地说。

"啊！"唐猴沙猪居然联合起来对付我了，事态不妙，我得赶紧出题。

"好吧，咱们来做题！"我看着放在一旁的箱子，很快就想出了题目，"瞧，咱们一路上一直带着两只箱子。假设其中一只箱子里杂乱无章地放着 10 只红色袜子和

10只蓝色袜子，这20只袜子除了颜色不同外，其他都一样。现在，洞中没有篝火，一片漆黑，如果你想从箱子里取出两只颜色相同的袜子，那么，最少，记住，最少要从箱子中取出几只袜子？"

"袜子不分左右吗？"小唐同学问。

"是的，不分左右，只要颜色一样就行。"

悟空紧闭双眼，一边思考，一边念念有词："假设，我第一次取出的是一只红色袜子，那么第二次如果取出的还是红色的就可以了，但是第二次可能取出的是蓝色袜子，第三次还可能取出蓝色袜子，第四次……第五次……"

"我做出来了！"小唐同学叫道。

八戒一听，紧张得不行。

"我也做出来了！"悟空大声说。

几秒钟后，沙沙同学笑着说："哈哈，我也做出来了！"

"你们怎么回事？怎么一下子反应那么快？"八戒郁闷极了。

我对唐猴沙说："好，你们依次走过来，在我耳边小声说出你们的答案。"

小唐同学走了过来，在我耳边说出了他的答案。接着，悟空和沙沙同学也分别过来说出了他们的答案。

"下面，我宣布！"我看了看唐猴沙猪，"明天的担子将由……"

"我挑！"八戒插话道，"多大点儿事，还宣布个什么劲呀！"

"错！明天的担子将由唐猴沙中的一人来挑！"

"啊！"唐猴沙异口同声地大叫道。

"为什么呀？"小唐同学激动地站起来。

"因为你们的答案都是12次，这是错误的答案！"

八戒一听，立刻开心地手舞足蹈。

"寒老师你是不是糊涂了？俗话说，三个臭皮匠顶个诸葛亮。我们仨的答案都是12次，你真的确定我们错了吗？"小唐同学说。

"是的，你们都错了。"

"可是……我觉得没问题呀！"悟空说，"你想，如果我第一次取出的是红色袜子，那么后面的10次，取出的可能全是蓝色袜子，虽然这种概率很小，但是这种可能性是存在的。假设第一次取出的是红色袜子，接着再取10次，把蓝色袜子都取完，这样等下一次再取的时候，才能百分之百保证取出的是红色袜子。所以，最少要取12次嘛。"

"哈哈哈……原来你们是这样想的。"八戒听悟空说完，忽然大笑起来，"告诉你们吧，正确答案是3次！"

"3次？怎么可能！"悟空不解。

"唉，失算了。"沙沙同学很快就反应了过来，"确实是 3 次。大师兄，我们被你带进沟里去了！"

　　"我也是！"小唐同学跺着脚说，"悟空，下次做题的时候，你能不能不要说话。你一说话，我们就跟着你的思路走了。"

　　"可是，我的思路没错呀。"悟空还是不服。

　　"你不能只考虑一种颜色呀。在两种颜色的袜子中，只要有一种出现过两次就可以了。"小唐同学说，"假设第一次取出红色袜子，第二次取出蓝色袜子，那么第三次取出的不是红色袜子就是蓝色袜子。不管是哪一种颜色，它都会跟前面取出的某一只袜子的颜色相同！"

　　"啊！"悟空终于醒悟过来，"唉……"

　　小唐同学皱着眉头对我说："寒老师，你不会真的让我们仨每人挑一天担子吧？"

　　"不会。你们仨猜拳决胜负，谁输谁就挑。"

　　于是，唐猴沙开始猜拳，结果沙沙同学输了。

　　第二天一早，沙沙同学挑起担子，正准备往洞外走，却被悟空一把拉住了。

　　"沙师弟，且慢。"悟空指着洞的深处，"快看！"

　　小唐同学回头看了一眼，赶紧跑到悟空身后："看什么呀，黑漆漆的，你别吓我啊悟空！"

　　"不是吓你，我是在
想，也许咱们可以从这个洞穿到山
的另一边。这样的话，咱们就不用绕过这座
大山了。"

　　"我同意！"八戒说，"这座山实在是太高大了，绕过
去还不知道要走多久呢。"

　　"万一这是一个死洞呢？"小唐同学说，"要是走到一
半就走不通了，怎么办？"

　　"那就再返回来呗，多大点儿事！"悟空说完，点起一
个火把，朝洞的深处走去。

　　我们也纷纷点起火把，跟在悟空的身后。洞的深处怪石
嶙（lín）峋（xún），有好多钟乳石和石笋。

起初，洞还比较宽，可是越往里走洞就越窄，只能让单人通过。再继续深入，洞的高度也慢慢降低，很多地方，我们得弯腰才能通过。

　　又往里走了几分钟，我们来到了一个地方。这里一下子变得很宽敞，就像一个房间一样，但是周围已经没有路了，前方只有一个小洞口，小到只能容下一个人爬进去。这下可没辙了，就算我们能爬过去，箱子也过不去呀。

　　"我说的没错吧！没错吧！"小唐同学一屁股坐在箱子上，埋怨道。

　　悟空没搭理小唐同学，而是两眼直直地望着那个小洞口，像是在猜测里面会有什么东西。

　　"你们在此等候，我爬过去看看！"悟空不甘心就此返回。

　　"等等！"小唐同学站起来，"你爬进去以后，万一有什么妖怪来了我们可怎么办？"

　　"哪里有什么妖怪！"悟空说。

　　"不行！"小唐同学冲过去，用身子堵住了洞口，不让悟空钻进洞里。

　　"咱们已经走了这么久了！"悟空说，"也许只有几十米就到山的另一边了，你难道不想让我试一试吗？"

　　"谁都可以去，但你不能去！"小唐同学用不容反驳的口气说道。随后，他向八戒递了个眼色，八戒立刻心领神会。

"好，我来！"八戒推开悟空，朝那个小洞钻去。

如果这个洞口再小那么一点点，八戒就钻不进去了，因为八戒是我们当中最胖的一个。

八戒的头和上半身已经钻进洞，但是腿还在外面。

"里面有什么？"悟空着急地问。

"我这爬进去还不到1米呢，怎么能知道呀！"八戒说，"你们快推我一把！"

于是，悟空和沙沙同学一人抱着八戒的一条腿，使劲往洞里面推，一下子就把八戒推进去了。

"里面有什么？"悟空又问。

"什么也没有！"八戒往前爬了十几米，大声喊道，"这里没路了，我已经看到头了。"

"真没趣！"悟空在洞外大声喊，"那你快出来吧！"

"瞧，我说的没错吧！"小唐同学又埋怨起来，"你们非不听。"

"糟糕，我被卡住了！"八戒在洞里大声喊道。

我们一听八戒那略带紧张的声调，都忍不住乐了。

"这段小插曲还挺有趣的。"小唐同学捂着嘴笑起来。

悟空趴在洞口，大声喊道："你哪里卡住了？"

"屁股！"八戒大喊了一声。这次，他的声音里夹杂着一丝担忧。

"八戒，你再使点儿劲，能进去肯定就能出来！"悟空喊道。

"我连吃奶的力气都用上了！"这次，八戒的声音里甚至夹杂着哭声。

我们一听，这才意识到，事情原来并没有那么好解决。

"八戒，你别着急！悟空和沙沙同学力气大，也许他们能把你拉出来，你稍等。"我站在洞口朝八戒喊了两句，又把脸转向悟空和沙沙同学，"你俩还愣着干什么，快过去拉他呀！"

八戒是倒着往回退的。悟空和沙沙同学走到洞口往里面一看，八戒的双脚离洞口还远着呢，要想两人一起拉他，必须得两人都进到洞里，这显然是行不通的。

怎么办呢？

"有了！"悟空说道，"我先进洞，抓住八戒的两只脚，然后你们仨再抓住我的两只脚往外拉，这样就可以了。"

"得了吧！"小唐同学叉着腰，"我们拉八戒一个都够呛，现在还得加上你，能拉得动吗？"

"那怎么办？"悟空问。

"咱们不是有系箱子的绳子吗？"小唐同学说，"你进去把绳子套在八戒的脚上，然后咱们一起拉，这样就行了！"

"妙！"悟空带着绳子爬进洞里，把绳子牢牢地捆在了八戒的两个脚腕上。

"一、二、三，拉！"悟空说完，我们就开始用力。

但是，很快就传来了八戒凄惨的叫喊声，我们只好停了下来。

"八戒，你到底怎么啦？"悟空问。

"我的脚……都快被你们拉断了！"八戒回答。

也是，绳子比较细，容易把脚勒疼，这个办法行不通。

最后，我们还是决定让悟空进洞，由他抓住八戒的双脚。接着，我们再拉住悟空的双脚，这样的话，八戒的脚就没那么疼了。

然而，当我们这样做以后，八戒又发出了凄惨的叫声。

"又怎么了？"小唐同学问，"八戒，你怎么这么娇气？"

"哎哟，我的屁股疼！"八戒委屈地说。

"八戒，你先忍一忍！"悟空大喊道，"师父、沙师弟、寒老师，你们继续拉！"

于是，我们开始继续拉，可八戒又发出了惨叫。

"又怎么啦？"小唐同学不耐烦地问。

"我的屁股疼，真的！"八戒说。

悟空退出洞，大声说："你要是这么怕疼，那就待在里面好了！我们回去了！"

八戒一听，顿时害怕得哭了起来："别呀……呜……"

"别哭！"小唐同学对着洞口喊道，"我有办法了！"

八戒一听，立刻不哭了，赶紧问："好师父，你有什么办法？"

"你瞧，问题出在屁股上，你的屁股太胖了，只要让它瘦下来就可以了。"小唐同学说道，"怎么才能让你的屁股瘦下来呢？很简单，饿几天就好了！我们先出去，几天后再来找你！"

"啊！"八戒一听，更恐惧了，开始号啕大哭，"呜……呜……"

"那你说怎么办？你说你说！"小唐同学更不耐烦了。

"你们继续拉吧，我保证再也不喊疼了！"八戒说。

于是，悟空又钻进洞里，我们又开始拉。但是，八戒并没有遵守诺言，还是鬼哭狼嚎地喊疼。

"我的火把快熄灭了！"八戒在洞中大声喊道，"里面黑乎乎的，好吓人，呜……"

我不由得担心起来："啊！不妙！洞中的氧气不足了，再这样下去，八戒会有生命危险的！"

"对哦！"悟空接话道，"八戒的火把在小洞里燃烧，消耗了太多氧气。"

"八戒，快把你的火把吹灭！"我对着洞口大声说，"否则你就没有氧气可吸了！"

"我、我把它吹灭了。可是里面太黑了，好可怕呀！寒老师，你们快救救我！"八戒央求道。

"裤子！"我忽然灵机一动，"八戒，你伸手把腰带解开，然后我们拉你的裤子，这样就能把你的裤子脱下来，如此，便能减少一点儿厚度了。"

八戒费劲地解开裤腰带后，悟空过去扯住他的两个裤脚，顺利地把他的裤子脱了下来。

但是，后来八戒尝试了好几次，还是出不来。情况越来越紧急，再这样下去，八戒将吸光里面的氧气。如果八戒晕在里面，没有了行动能力，事情就更不好办了。

"八戒，你不要紧张！"我一边安慰八戒，一边继续想办法，"按照我说的做。你被卡住的地方是屁股，那你就试着用手挤压住你的屁股，一点点地往外面退！不要怕疼！"

"好！"八戒回答完，努力地用手去挤压屁股，小心地往外面退。

过了一会儿，八戒激动地说："这方法好！我好像就快退出来了，你们等等我！"

　　我们在外面一听，顿时安心了。

　　又过了一会儿，八戒终于出来了。他惊魂未定，浑身发抖，我们扶着他坐到箱子上。

　　"我的裤子呢？"八戒红着脸问。

　　"给你。"小唐同学把裤子递了过去。

　　八戒三下两下把裤子穿上，站起身来，紧张地说："咱们赶紧出洞吧，我不想再待在这儿了。"

　　确实，此地不宜久留。于是，沙沙同学挑起担子，我们快步朝洞外走去。

　　不久，我们就回到了铺满干草的洞口附近。看到射进洞

里的阳光，我们心里才踏实了下来。

出洞后，呼吸着外面的新鲜空气，八戒渐渐恢复了精神。

"我肚子饿了！"八戒说道。

"这才上午10点，等到中午再吃吧。"小唐同学说，"箱子里的干粮得省着点儿吃。"

"我不管，我得吃点儿东西压压惊。"八戒噘着嘴说。

正当小唐同学为难之际，悟空突然说："你们看那边！"

顺着悟空手指的方向看去，我们发现山坡上有一些灌木，上面结满了红红的野果。

大家没有再多说什么，直接朝那些灌木跑去。沙沙同学放下担子，跑在最后。

我们叫不出这些野果的名字，但我们之前曾经吃过，它们个头不大，模样有点儿像草莓，但绝不是草莓，因为它们长在有刺的灌木上。

半小时后，我们都吃饱了。这里的草地厚厚的，八戒躺在草地上，头枕着手臂，眯起眼看着天上的白云，懒懒地说：

"我好累呀，真想在这里睡一觉。"

"那就睡吧。"我也坐在软软的草地上，享受难得的清闲，"根据我的估算，这座山上的野果足够我们吃一星期的。"

"你是怎么估算出来的？"小唐同学问。

"很简单呀，一日 3 餐，一星期就是 21 餐。把这座大山分成 21 块，如果每块地上的野果够我们吃一餐，那么 21 块地上的野果就够我们吃一星期的了。"

"但是，也许我们所在的这个地方野果多，而其他地方野果少，甚至没有。所以，你的估算是不对的。"小唐同学说。

"但你也别忘了，也许山上其他地方的野果比这里的还要多。所以，平均起来大概就是这样的。"我解释道，"估算，肯定不是百分之百的精确，它会有误差，但这不碍事。就像有些国家选举总统时统计得票率一样，也不是百分之百的精确。"

"什么？跟总统选举还能扯上关系啊？"刚才还躺在草地上晒太阳的悟空，现在也坐了起来，好奇地问。

"哈哈，这你就有所不知了。"我捂着嘴笑道。

## 选举中的统计学

一些国家的总统是通过公民投票选举出来的，哪个候选人得到的票数最多，哪个人就有可能当选。人们总是迫切地想提前知道谁有可能当选总统，但是，怎样才能对选举结果进行预估呢？

统计学能解决这个问题。

这非常类似于班里要竞选班干部，方法是全班同学投票，最后，哪个同学得到的票数最多，哪个同学就能当选。

咱们就以竞选班长来说吧。假如你是你们班的班长候选人之一，那么在投票前，怎么才能大概知道，你当选班长的可能性有多大呢？

方法是，在班上随机抽20个同学，这20个同学在统计学上叫作样本。样本就是指从总体中随机抽取出来的个体。

好了，现在已经有20个样本，可以对他们进行调查了，也就是问他们："你会选谁？"

如果有 15 个同学说会选你，那么你当选的可能性就是：（15÷20）×100% = 75%。

可能你会说："我们班一共有 40 个同学呢。你才统计了 20 个同学的意见，怎么就能确定我当选的可能性是 75% ？"

其实不难理解，因为这 20 个同学是随机抽出来的，他们的意见能在一定程度上代表全班同学的意见。

那么，什么时候这 20 个同学（样本）不能代表全班同学（总体）的意见呢? 如果这 20 个同学不是随机抽出来的，而是精挑细选出的跟你关系好的 20 个同学，此时，这 20 个同学的意见就不能代表全班同学的意见了。根据他们所得出的统计结果肯定会不准确。

在一些国家的总统选举过程中，统计候选人的得票率也是如此。有关人员随机抽取出几千人或者几万人当样本，把他们的选票进行统计，最后算出得票率。所抽的人数越多，也就是样本越多，统计结果就越精确。

　　虽然大山上的野果够我们吃好几天，但是在太阳底下睡了一觉后，我们精神焕（huàn）发，很渴望赶紧到山的另一边去，看看那边有什么新奇的事。

　　于是，下午3点，我们又出发了。绕过这座山后，果然，我们来到了一个新鲜的地方。这里有好多好多的房子，应该是一个小城镇。

　　穿行在熙熙攘（rǎng）攘的大街上，我们几个感到眼花缭乱。这里热闹极了，周围有很多店铺，里面陈列着丰富的商品。

"这里真繁华，这个地方肯定十分富裕！"小唐同学四处张望，不禁感叹道。

"哼！"一个路过的大伯看了小唐同学一眼，不屑地哼了一声，还挖苦了几句。

本来没什么，但挖苦的话恰好被小唐同学听到了，不仅如此，小唐同学还看到了大伯一脸嘲笑的表情。

"你干什么呀？"小唐同学拉住大伯，"我只是随便说一句，你就这么对我冷嘲热讽，难道我跟你有仇吗？咱们不认识呀！"

这位大伯戴着眼镜，看上去并不像坏人。他被小唐同学拉住后，显得有些不好意思："其实，我不是针对你，而是针对这个国家。唉……抱歉抱歉！"

这个国家？这是个什么国家？我们忽然来了兴趣。

"请问，这个国家叫什么名字？"八戒问。

"这里是多拉国，由36个城邦组成。"那位大伯说完，又转向小唐同学，"你现在可以把手从我身上拿开了吗？"

小唐同学一听，急忙把手拿开，不解地问："大伯呀，你们国家到底怎么了？你为何要把火撒在我身上？"

"我很忙，有一件大事必须在3天内解决，否则我就完了！"大伯一脸着急，"很抱歉，我不能跟你们多聊了。"

不聊就不聊，跟一个陌生人也没什么好聊的。但是，这位大伯说的那件大事勾起了我们的好奇心。

"有大事要解决？那你就更不能走了！"八戒挡住了大伯的去路，"大伯，你能不能告诉我们到底出了什么大事，也许我们能帮助你呢。"

"你们……"大伯扫了我们每个人一眼，"恐怕不行，除非你们是天才。"

八戒一听，急了："嗨嗨嗨，大伯，你还没说是什么事呢，上来就说我们不行，这样可不好。你快说，我们都等不及了。"

"好吧，也许说出来，我的压力也会减少一点儿。"大伯朝街边的一条长椅走去，我们也跟了过去。

"是这样的，唉……"大伯坐在长椅上，开始对我们诉说，"我是多拉国负责统计国家数据的大臣。前段时间，我统计出我们国家的经济增长率是2%。可是呢，根据多拉国36个城邦上交的统计数据来计算，我们国家的经济增长率却是5%！由于数据不同，我们的国王非常恼火……"

"为什么要恼火呀！不就相差3%嘛。"八戒插嘴道。

"难道你不知道吗？36个城邦上交的数据应该跟我统

计出的数据一致，否则就代表着一个很严重的问题。"大伯说。

"什么问题？"小唐同学急忙问。

"要么是有的城邦故意捏造数据，要么就是我故意造假或者统计有误。你们说，这是不是很严重？现在，整个多拉国传得沸沸扬扬，都在拿这件事说笑，搞得我出门都不敢介绍自己是搞数据统计的了。"大伯说。

"这确实是一件麻烦事，难怪你愁容满面。"悟空说。

"有什么好愁的嘛！"八戒激动地说，"如果你确定自己没有造假，并且没有算错，那就是36个城邦中有捏造数据的，你把假数字揪出来不就行了嘛！"

"揪出来？"大伯说，"谈何容易！国王只给我3天时间，一共有好几万个数据，我怎么可能在3天内把假的揪出来呀！如果揪不出来，我就会被免职！"

"好几万个数据？"悟空把眼睛睁得大大的，"这确实太难了。"

"大伯，真对不起，这个问题恐怕需要几个月的时间才能解决，我们也无法帮助你，你快回去忙吧。"小唐同学垂着头说。

"我就说嘛！"大伯站起身，"这个问题很难，你们是解决不了的，唉……我走了。"

"等等！"我站了起来，"大伯，我忽然想到一个方法，也许管用。我们上你那儿去慢慢讨论吧。"

"方法？什么方法？"大伯问。

"到地方后我再告诉你。"我说。

"好，那你们就跟我到我的办公室去吧。"大伯一副死马当作活马医的神态，"如果你们真的帮我解决了这个问题，我愿意免费招待你们一星期……"

说着说着话，我们就跟大伯一起来到了他的办公室。进门一看，唐猴沙猪顿时吓了一跳，桌子上有好多好多纸，每一张纸上都密密麻麻地写满了数字。

"找出错数据可比逮住一个妖怪难多了！"悟空一屁股坐在一把椅子上，说道，"反正我是没办法。"

八戒、小唐同学和沙沙同学也都躲到一个长沙发上，好像没他们什么事儿似的。只有我站在桌子旁，看着那些写满数字的纸。

"我该怎么称呼你？"大伯望着我问。

"你可以叫他寒老师。"八戒抢着说。

"好吧，寒老师，你看，这桌子上总共有36叠纸，每一叠纸都是一个城邦送上来的统计数据。"大伯说，"你现在可以说出你的方法了吗？"

"当然。"我转向唐猴沙猪，"都别坐着了，要想大伯

请我们吃喝玩耍一星期，你们就得立马干活！"

唐猴沙猪赶紧围了过来。我说："加上大伯，咱们总共有6个人，正好，36叠纸，每人拿6叠，分头检查上面的数据。"

"6叠？寒老师，你想累死我呀！"八戒不答应了。

"可不可以多找些人呢？"悟空转向大伯。

"小学生也可以。"我补充道。

"小学生？"大伯满脸惊讶。

"是的，小学生也可以。"我说。

"小学生倒是不难找。"大伯说，"我正好认识一个小学校长，马上就能让他找30个学生来。"

"为什么不是36个呢？"八戒赶紧说，"这样我们就不用干活了。"

"也行，干脆把36叠纸都交给小学生吧！"大伯说，"我们可以干一些小学生干不了的活。"

半小时后，36个小学四年级的学生来了。

现在，他们每人手里都拿着一叠纸，我对他们说："你们手里拿着的纸上有很多数据，你们需要做的事情是：第一步，数数你们手里的纸上有多少个数据；第二步，再数数这些数据中，有多少个数据是以1开头的。简单吧？"

"简单！"学生们异口同声地答道。

"那就开始吧！"我说。

学生们很认真地数了起来。在等待结果的时间里，八戒跟大伯出去买了好多好吃的。

人多干活就是快，一个半小时后，学生们就把活干完了。大伯、八戒、沙沙同学、小唐同学把好吃的一一分给学生们后，就让他们回去了。

"现在该我们干活了！"我招呼唐猴沙猪，"咱们计算一下，看看每一叠纸当中，以1开头的数在所有数据中，到底占多大的比例。"

"什么意思？"小唐同学不解地问。

"举个例子吧。假如其中一叠纸中总共有100个数，分别是326，125，568，459，187等。如果这100个数中，以1开头的数有40个，那么以1开头的数在所有数中占的百分比就是（40÷100）×100% = 40%。明白我的意思了吗？"

"懂了，这有什么难的。"八戒说，"咱们开始干吧！"

大家不再说话，都抓紧时间埋头干了起来。

屋子里一下子变得很安静，连笔在纸上写字的声音都能听到。

几分钟后，大伯突然惊叫一声："哎呀！我想起来了！这是本福特定律！"

"啊？你揪出假数字啦？"八戒忙问。

"没有。"大伯说。

"那你叫啥。"小唐同学埋怨起来，"吓我一跳！"

"这几天我精神恍惚，现在才想起来，你们寒老师运用的是本福特定律，用它就能有效地揪出假数字！"大伯说。

"什么是本福特定律？"悟空问。

"大家快干活，别急，等咱们把假数字揪出来后，再讨论这个定律也不迟。"我说。

"好！"八戒说，"我现在干活更有劲了。"

十几分钟后，大家终于把活全干完了。

大伯和我聚精会神地看着大家计算出来的数字，连眼睛都不眨一下。

"这个！"我指着一个数字说。

"还有这个！"大伯接着说。

"你俩在干什么呀？"八戒生气地说，"还带不带我们玩啦？"

"稍等。"我仍然埋头看数字，没有心思理会八戒。

过了一会儿，大伯抬起头，看着我说："目前来看，这两个城邦的数据造假的嫌疑最大。"

"我想是的！大伯，你现在只需检查这两个城邦报上来的数据即可，看看他们到底哪里造假了。"我说。

"好的！"说完，大伯又埋头检查数据去了。

"你快说呀寒老师！"小唐同学急了，"你俩到底是怎么查出那两个城邦有可能造假的？"

"之前，学生们已经帮咱们统计出每一叠纸上有多少个数，并统计出这些数中有多少个以 1 开头的数，而咱们刚才也算出了这些以 1 开头的数占总数的比例。你们看……"我指着纸上的统计数据对唐猴沙猪说，"总共 36 个城邦，绝大多数城邦送来的数据中，以 1 开头的数占总数的比例都是 30% 左右。也就是说，100 个数中，有 30 个左右的数是以 1 开头的。而有两个城邦的数据却不是。你们看，这两个城邦以 1 开头的数分别只占总数的 11% 和 8%，这违背了本福特定律。所以，他们造假的嫌疑最大！"

"说了半天，本福特定律到底是什么呀？"沙沙同学问。

"看来，我得给你们一点点地讲了……"我说。

## 本福特定律

想必大家对数字都很熟悉，比如89，98，34，等等。

现在有个问题，在一大堆随机的数字中，以1开头的数字出现的概率是多少呢？

很多人看到这个问题后可能会想，数字并没有高低贵贱之分，它们出现的概率应该都一样吧。比如，1，2，3，4，5，6，7，8，9这9个数字，每个数字出现的概率应该都是$\frac{1}{9}$，换算成百分比就是11.11%左右。

然而，本福特定律告诉我们，如果有一堆数字是从实际生活中得出的，那么，以1开头的数字出现的概率是30.1%，以2开头的数字出现的概率是17.6%，以3开头的数字出现的概率是12.5%……瞧，在本福特定律里，以1开头的数字出现的概率（30.1%）几乎是我们想象中（11.11%）的3倍。

### 本福特定律表

| 开头数字 | 出现概率 |
| --- | --- |
| 1 | 30.1% |
| 2 | 17.6% |
| 3 | 12.5% |
| 4 | 9.7% |
| 5 | 7.9% |
| 6 | 6.7% |
| 7 | 5.8% |
| 8 | 5.1% |
| 9 | 4.6% |

本福特定律很神奇，但它是有适用范围的。

首先，这堆数字的量必须很多。这不难理解，如果一共只有3个数字，比如91，86，74，那么以1开头的数字就没有出现，30.1%的概率根本无从谈起。

其次，这堆数字必须是从生活中统计来的，比如世界各国的人口数量、各国的国土面积等。但是，也有一些数字不满足本福特定律，比如手机号码、身份证号码等，因为这些数字大都有一些规则在里面，比如我国的手机号码全是以1开头的。

最后，这些数字不能经过人为修改。账本上的数据是从实际中统计出来的，它们应该符合本福特定律。可是，如果有人为了造假，故意修改了其中一些数字，那么账本上的数据就与本福特定律不吻合了。因此，本福特定律可以用来判别账目有没有造假嫌疑。

在上文故事中，有两个城邦伪造数据，结果它们的数据就违反了本福特定律。

在现实生活中，也有人通过本福特定律揭穿了大公司的账目造假行为。

美国的安然公司曾经是一家很有名的大公司。2001年，有人发现安然公司的账目与本福特定律不吻合，于是继续深入调查，果然查出安然公司曾给账目造假。最终，这家大公司承认虚报账目，还因此破产了。

本福特定律可以通过数学方法证明出来。如果大家有兴趣，等你们将来学到更多更高深的数学知识后，可以对此进行研究，到时候你们一定能明白为什么本福特定律是正确的。

## 阵脚大乱的八戒

经过几小时的努力，大伯终于确定到底是哪两个城邦造假了。正是因为他们谎报数据，才使得大伯算出的经济增长率与根据 36 个城邦的统计数据算出的经济增长率不一样。

大伯把这个情况汇报给国王，国王非常生气，严惩（chéng）了那两个城邦的首领。大伯没有被免职，还获得了奖赏。他非常高兴，兑现了自己之前的诺言——请我们在多拉国玩了一星期。

明天，我们就要离开多拉国了。但是，明天的担子还不知道由谁来挑呢。

夜晚，窗外有皎洁的月光，屋内有温暖的灯光。在大伯为我们安排的住所里，我给唐猴沙猪出了一道题。

"看好了，123456798=100。"

"搞什么呀，寒老师。"小唐同学说，"你写的这个式子，等号两边是不相等的！"

"没错，确实是不相等。所以我出的这道题就是，不改变数字的排列顺序，在左边的数字之间添加上＋、－、×、÷这4个运算符号，使这个不等式变成正确的等式。预备……开始！"

我的话音刚落，唐猴沙猪就开始紧张地计算起来。他们眉头紧锁，尤其是小唐同学，额头还渐渐冒出了汗。

过了一会儿，八戒和悟空同时站起来，异口同声地说："我做出来了！"

我没想到他俩能同时做出来，更没想到的是，紧接着，小唐同学和沙沙同学也同时起立，大喊道："我也做出来了！"

这下麻烦了，4个人几乎是同时做出来的。怎么办呢？

"你俩输了！"八戒指着小唐同学和沙沙同学说。

"没有没有！"小唐同学争辩道，"咱们是同时做出来的，只是你俩起来得更快而已。"

"就是你俩输了！"八戒不依不饶。

"寒老师，你来评评理！"小唐同学转头对我说。

"看来，这道题对于你们来说太简单啦。"我说，"小唐同学和沙沙同学就慢那么一点点时间，如果以这个短暂的时间之差

来论胜负，未免有点儿不公平。这样吧，八戒，咱们再把这道题的难度提高一些，让小唐同学和沙沙同学输得心服口服，如何？"

"题目都做出来了，还怎么增加难度？"悟空不甘心地坐回桌子前。

"很简单，你们只要能用5种不同的方法把这道题做出来就行了。"

"5种？！"唐猴沙猪异口同声。

"如果谁想承认自己确实比别人笨，那他可以放弃。"我说。

"哼，谁会承认自己笨呢？"小唐同学不屑地说，"除非是八戒！"

"5种就5种！"八戒大声说，"我要让你输得心服口服！"

于是，唐猴沙猪又紧张地埋头演算起来。

半小时后，悟空第一个做出来了。

不一会儿，沙沙同学也做出来了。现在，只剩下小唐同学和八戒，他俩对视了一眼，心里在暗暗较劲。

八戒不敢浪费时间，看了小唐同学一眼后，又继续埋头苦想。但是小唐同学不同，他眼珠一转，计上心来。

"哈哈，八戒你要输了！"小唐同学笑着说，"我已经想出4种解法了，至于第五种嘛，再有30秒我就能想出来！"

八戒一听，更紧张了，顿时阵脚大乱。他抬起头，火冒三丈地盯着小唐同学："你闭嘴！不要干扰我！"

"哦，没事，你千万别紧张，我只是提醒你一下，再有30秒我就做出来了。"说完，小唐同学不再理八戒，埋头演算起来。

八戒被小唐同学吓得一愣一愣的，开始六神无主了。

然而，别说30秒了，3分钟后小唐同学也没做出来。

直到 8 分钟后，小唐同学才终于做了出来。

而八戒呢，他是被吓输的。

"你不是说只用 30 秒就能做出来吗？"八戒生气地指着小唐同学。

"我在等你啊。"小唐同学轻描淡写地说完，就赶紧逃到窗边，欣赏月光去了。

八戒一听，气得说不出话来。

"嗨，八戒。"我对他说，"刚才我已经验证了，悟空和沙沙同学的答案是正确的，他们成功找到了 5 种不同的方法。但是小唐同学的答案还没验证呢，你不打算问问他吗？"

"也对！"八戒醒悟过来，于是转向窗边，小手一招，"师父，过来过来！"

"看来你不相信我呀！"小唐同学边说边走了过来。

直到小唐同学真的说出了 5 种不同的解法，八戒这才死心。

"一道题居然会有 5 种不同的解法！"八戒叹了一口气，"唉，怎么会这样……"

"5 种可不算多。这道题最少有 19 种不同的解法呢！"我笑着说。

"19 种？"悟空一脸惊讶，马上蹦到我身边，"寒老师，你快说说！"

## 神奇的不等式

要怎么利用＋、－、×、÷ 这些运算符号，让 123456798 ＝ 100 这个算式成立呢？这种类型的数学题其实不难，只要不停地试做，慢慢地就能做出来了。下面，咱们先来看其中 9 种解法。

第一种：

$1 + 2 + 3 + 4 + 5 - 6 - 7 + 98 = 100$

第二种：

$1 + 2 - 3 - 4 + 5 - 6 + 7 + 98 = 100$

第三种：

$1 + 2 \times 3 \times 4 - 5 \times 6 + 7 + 98 = 100$

第四种：

$1 - 2 + 3 + 4 - 5 - 6 + 7 + 98 = 100$

第五种：

$1 - 2 + 3 - 4 + 5 + 6 - 7 + 98 = 100$

第六种：

$1 - 2 + 3 \times 4 \times 5 \div 6 - 7 + 98 = 100$

第七种：

$1 \times 2 \times 3 + 4 + 5 - 6 - 7 + 98 = 100$

第八种：

$$1 - 2 \times 3 + 4 \times 5 - 6 - 7 + 98 = 100$$

第九种：

$$1 \div 2 \times 3 \times 4 - 5 - 6 + 7 + 98 = 100$$

关于以上 9 种不同的解法，同学们可以自己验证一下。下面，咱们主要说说解这种题的技巧。

## 解 题 技 巧

其实，这种题的解题技巧就藏在上面的 9 种解法中。咱们的目标是凑出 100，这个过程有个捷径，那就是先找一个最接近 100 的数。显然，98 跟 100 最接近，$98 + 2 = 100$。所以，咱们可以先把 98 固定不动，然后想办法用前面的 7 个数字凑出 2。凑出一个很大的数字确实比较难，但是凑出 2 就简单多了。上面的 9 种解法，都是用这一思路做出来的。

除了 98 以外，还有哪个数跟 100 接近呢？9 和 8 的乘积是 72，这个数跟 100 也比较接近。咱们如法炮制，把 $9 \times 8$ 固定，然后再想办法用前面的 7 个数字凑出 28 就可以了。于是，咱们至少还能再得到 10 种解法。

第一种：

$1 + 2 + 3 + 4 + 5 + 6 + 7 + 9 \times 8 = 100$

第二种：

$1 + 23 - 4 + 56 \div 7 + 9 \times 8 = 100$

第三种：

$1 + 2 + 3 - 4 \times 5 + 6 \times 7 + 9 \times 8 = 100$

第四种：

$1 + 2 - 3 \times 4 + 5 \times 6 + 7 + 9 \times 8 = 100$

第五种：

$1 + 2 \times 3 + 4 \times 5 - 6 + 7 + 9 \times 8 = 100$

第六种：

$1 + 2 - 3 \times 4 - 5 + 6 \times 7 + 9 \times 8 = 100$

第七种：

$1 + 2 \times 3 \times 4 \times 5 \div 6 + 7 + 9 \times 8 = 100$

第八种：

$1 - 2 \times 3 + 4 \times 5 + 6 + 7 + 9 \times 8 = 100$

第九种：

$1 - 2 \times 3 - 4 + 5 \times 6 + 7 + 9 \times 8 = 100$

第十种：

$1 \times 2 \times 3 + 4 + 5 + 6 + 7 + 9 \times 8 = 100$

其实，除了以上这些解法外，还有很多种解法呢。如果你喜欢计算，可以再自己思考一下哦。

## 今天是星期几

　　唐猴沙猪听完我讲述的 19 种不同的解法后，每个人的脑子里都好像塞了一团海绵，晕乎乎的。

　　深夜，万籁（lài）俱寂。大家躺在床上，一句话都不想再说，就这么沉沉地睡去了。

　　第二天，我们睡到上午 10 点才醒。阳光从窗外照了进来，顿时，我们精神抖擞（sǒu）。

　　咚咚咚！

　　有人敲门。八戒跑过去开门一看，原来是多拉国的大伯。

　　"哈哈，你们终于起床了！"大伯爽朗地笑着。

"别提了，我们昨天睡得可晚呢！"八戒说，"大伯，我们今天就要出发了。"

"我知道呀！"大伯说着，走进了屋内，"所以，我今天再请你们吃一顿好吃的。"

"太好啦！"八戒一听，立马抓住大伯的手，"我的肚子正咕咕叫呢！"

于是，我们几个跟着大伯出门，找了一家餐馆，又大吃了一顿。之后，我们便和大伯告别，挑起担子出发了。

然而，我们还没走多远，就看见大伯抱着一大包东西追了上来。

"大伯抱的是什么呀？"八戒嘀咕着，"难道是我们落下了什么东西？"

说完，八戒赶紧放下担子，在自己身上迅速地摸了一通。发现身上的钱还在，八戒便淡定了。

　　大伯走近后，笑着说："快，把你们的箱子打开。我这儿有一些面包和大饼，你们留着路上吃吧。"

　　说完，大伯打开了包裹，里面是黄澄澄的面包和大饼。

　　八戒一看，惭愧得不行，眼睛还有点儿湿润。他激动地说："大伯，您真是太好了！"

　　"这不算什么。"大伯说，"你们可是帮了我大忙呢。"

　　"这次遇见好人了……这次遇见好人了……"八戒不停地说。

　　我们推辞了好几次，没有人去打开箱子，但大伯无论如何都要把包裹给我们。最后，他自己打开箱子，把包裹塞了进去，这才和我们告别。

　　我们一步三回头，不停地跟站在身后的大伯招手。直到我们拐过一处街角，看不到大伯为止。

　　"我也要做一个好人！"八戒挑着担子，昂着头说，"像大伯那样的好人，一个知恩图报的人。"

　　"这就对了！"我鼓励道。

　　"我还要好好学习数学！"八戒又说，"这样才能帮助别人！"

　　"瞧瞧，八戒的悟性就是比你们高！"我说。

"谢谢寒老师夸奖！嘿嘿……"八戒傻笑起来，小唐同学却是一脸不服。

就这么一路聊着天，我们走出了多拉国，来到一处缓坡脚下，沿着坡脚走。在我们身后50多米远的地方，一个小学生正一蹦一跳地朝我们走来。

"对了，今天是星期几啊？"八戒问。

没人回答他。

"寒老师，今天是星期几？"八戒又问。

"我也忘了。"我说。

小唐同学看着八戒："真是没事找事！你问这个干什么？咱们又不是学生，不用按照每天的课程表上课。"

"不是学生就不用知道今天是星期几吗？"八戒噘起嘴，"连星期几都不知道，日子还过个什么劲呀？"

"别吵了。"沙沙同学劝道，"待会儿问问后面那个学生不就可以了吗？"

"好主意！"八戒说着，在一棵大树下放下担子，一屁股坐在了树底下，"这都中午了，太阳那么烈，咱们歇会儿，等等那个学生。"

大家没有反驳八戒，因为今天的阳光确实比较灼（zhuó）人，我们就算是没有挑担子，身上也出了点儿汗。

几分钟后，那个学生走近了。他穿着运动服，长得眉清目秀。

"嘿，小同学！"八戒一边招手，一边迎了上去，"你上几年级了？"

"五年级！"那个学生说。

"哇！五年级！"八戒一脸羡慕的表情，因为他连一年级都没有上过，"你好厉害，这么小就读五年级了。"

学生一听，感到很奇怪："这有什么呀？没事的话我先走了。"

"别走别走！"八戒急忙说，"我有个问题想问你，今天是星期几？"

"今天？"学生的脸上顿时没了笑容，"唉，如果昨天是明天的话就好了，这样今天就是星期五了。"

八戒一听，愣了："那么……今天到底是星期几呢？"

"我已经告诉你了呀！"学生着急地说，"今天下午有一节体育课，所以中午一下课，我就跑回家换了运动服。现在，我要赶紧回学校，再不走就要迟到了！"

学生说完，迈开步子跑了。

"等等！"八戒招手大喊，但是那个学生没有回头。

"如果昨天是明天的话就好了，这样今天就是星期五了。"八戒坐回树下，

开始自言自语，"那么今天是星期几呢？哎呀，他还是没有告诉我今天到底是星期几呀！"

"他已经告诉你了！"我说。

"就是，自己听不懂还怪人家。"小唐同学舒舒服服地坐在旁边，背靠着大树，两腿伸得直直的。

"那你告诉我，今天是星期几？"八戒扭头盯着小唐同学。

"我为什么要告诉你呀？"小唐同学说着，把头扭向别处。

"寒老师，今天是星期几？"八戒歪头问我。

我看向他："你还别说，这道题真是有点儿绕，我暂时还没想出来。"

"我还以为你们都是天才，都知道了呢！"八戒挖苦道。

"正好，明天的担子还不知道由谁挑呢。谁要是不能根据那个同学所说的，推断出今天是星期几的话，明天就由谁来挑担子。"我说。

悟空刚刚跳到树上休息去了，一听要做题，赶紧从大树上跳了下来。

"啊？题目是什么？"悟空急忙问，生怕自己吃亏。

沙沙同学说："刚才那个学生说，'如果昨天是明天的话就好了，这样今天就是星期五了'。那么请问，今天是星期几？"

"就这样啊？我还以为是多难的题呢！"悟空不屑地说，"如果昨天是明天的话就好了，这样今天就是……"

"打住！"小唐同学及时制止了他，"悟空，你不要再说话了，你一说话我们就会跟着你的思路走，然后被你带到沟里去。"

"但是……好好好，我去别的地方，不跟你们说话。"悟空说着，朝北边的另一棵大树走去，边走边念叨，"如果昨天是明天的话就好了，这样今天就是星期五了，那么今天是……如果昨天是明天的话就好了，这样今天就

是星期五了……"

八戒摇头晃脑，很想说话，但小唐同学不让。他实在憋得难受，于是也起身，朝南边的一处灌木丛走去。

不知不觉，几分钟过去了。

啪的一声，小唐同学用双手拍了一下自己的头。"啊，不行！我的头要炸了，我得走走。"

说完，他也站了起来，开始在附近溜达。

沙沙同学一会儿躺在草地上，双目无神；一会儿又坐起来，紧闭双眼，不断拍头。最后，他干脆爬到树上去了。

半小时后，悟空走了回来，蔫（niān）头耷脑的。

"你……想出来了？"我问。

"没有。"悟空有气无力地说完，身体向后一倒，咚的一声，躺在了地上。

过了一会儿，八戒也回来了，一看到他的表情就知道他没做出来。

又过了没多久，小唐同学也一脸疲惫地走了回来。

沙沙同学躺在树上，眼睛直勾勾的，可能是在看高处的鸟窝。

"如果昨天……是明天的话就好了，这样今天就是……星期五了。那么今天是星期几？"悟空躺在地上，咬牙切齿，"这到底是谁出的题呀？"

"之前路过的那个学生。"八戒说。

"如果你不问他今天是星期几，他就不会给你出这道题了！"小唐同学说，"八戒，我警告你，要是我的大脑因为想这道题而受到了什么不可逆转的伤害，我跟你没完！"

"师父，你不要这样嘛。"八戒躺在地上，微闭双眼，"我也是受害者之一！"

哗哗哗——

咚——

哎哟——

八戒话音刚落，沙沙同学竟然从树上掉了下来，硬生生地砸在了八戒的身上。

沙沙同学没多大事，因为他摔在了八戒软软的肚子上。

但是八戒就惨了，只见他双手抱着肚子，在地上打滚。

"二师兄，你怎么啦？"沙沙同学吓得趴在地上，紧张地问。

悟空说："这还用问吗？他被你砸疼了呗！"

"对对对，是我的错！"沙沙同学紧张地搓了搓双手，又问道，"二师兄，你没事吧？"

八戒还是没有说话，依然在地上不停地打滚。

沙沙同学一看，急得都快哭了。

小唐同学走过来，没有安慰八戒，而是拍了拍沙沙同学的肩膀，安慰道："沙沙同学，你也别太担心。你想呀，如果八戒伤得很重很重，他还有力气满地打滚吗？肯定不能，对吧？"

沙沙同学想了想，顿时松了一口气。

八戒一听，立刻不再打滚，而是蜷（quán）着身体，双手抱着肚子，不断呻吟。

"二师兄，你快说句话呀！"沙沙同学把手搭在八戒身上，"你怎么啦？"

"怕是……不行了……"八戒痛苦地说，"我估计走不动路了。"

"二师兄，你别难过！"沙沙同学安慰道，"你要是走不动，就让我来背你吧。"

"不用……今天你帮我……挑担子……就行。"八戒断断续续地说。

"没问题！"沙沙同学握紧拳头捶了捶自己的胸口，表示会信守诺言。

八戒这才不再呻吟，缓缓地坐了起来，背靠着大树。

"哼！我看你是装疼吧！"小唐同学说。

八戒没搭理他。

"话说回来，那道数学题到底怎么办呀？"悟空着急地说。

沙沙同学看向我，说道："要不，寒老师，你就把答案说出来吧，我们怕是琢磨不明白了。"

"如果我把答案说出来，明天的担子由谁挑？你挑吗？"我说。

"这……"沙沙同学没话说了。

"痛快点儿，咱们石头剪子布！"八戒说，"这道数学题咱们放弃！"

"你们都同意？"我问。

"同意！"

"好，那三局两胜！悟空对沙沙同学，小唐同学对八戒，开始！"

几分钟后，结果出来了。悟空他们这边，沙沙同学胜；

小唐同学他们那边，八戒胜。

决赛局：悟空对小唐同学。最终，小唐同学输了！明天他挑担子。

"哈哈，石头剪子布真是个永远玩不腻的游戏！"八戒兴奋极了，"寒老师，这回你可以公布答案了吧？"

## 今天是星期几

如果昨天是明天的话就好了，这样今天就是星期五了。那么今天是星期几？

上面这道数学题可真绕，但是大家不用害怕。毕竟一星期只有7天，咱们即使一天一天地试，用不了多久便能把这道题解出来。现在，咱们就来逐个试一下吧：

第一次试：假设今天是星期四。

推断：昨天是星期三，明天是星期五。

结合题目：如果昨天是明天（星期五）的话，那么今天就是星期六了。

结论：与题目"这样今天就是星期五了"不相符，所以今天不是星期四。

第二次试：假设今天是星期五。

推断：昨天是星期四，明天是星期六。

结合题目：如果昨天是明天（星期六）的话，那么今天就是星期日了。

结论：与题目不相符，所以今天不是星期五。

第三次试：假设今天是星期六。

推断：昨天是星期五，明天是星期日。

结合题目：如果昨天是明天（星期日）的话，那么今天就是星期一了。

结论：与题目不相符，所以今天不是星期六。

第四次试：假设今天是星期日。

推断：昨天是星期六，明天是星期一。

结合题目：如果昨天是明天（星期一）的话，那么今天就是星期二了。

结论：与题目不相符，所以今天不是星期日。

第五次试：假设今天是星期一。

推断：昨天是星期日，明天是星期二。

结合题目：如果昨天是明天（星期二）的话，那么今天就是星期三了。

结论：与题目不相符，所以今天不是星期一。

第六次试：假设今天是星期二。

推断：昨天是星期一，明天是星期三。

结合题目：如果昨天是明天（星期三）的话，那么今天就是星期四了。

结论：与题目不相符，所以今天不是星期二。

第七次试：假设今天是星期三。

推断：昨天是星期二，明天是星期四。

结合题目：如果昨天是明天（星期四）的话，那么今天就是星期五了。

结论：与题目相符，所以今天就是星期三。

## 解题技巧一

永远要记住，好记性不如烂笔头。遇到数学题的时候，除非是对你来说特别简单的题，否则你最好用笔在纸上认真演算。这样的话，你的思路就会非常清晰，不会像唐猴沙猪那样，把自己的思路搞成一团乱麻。

## 解题技巧二

有些数学题有无数个备选答案。比如，在《智闯数王国》中有这么一道题："要用多快的速度前进才能一直看到夕阳？"这道题有无数个备选答案。此时，你就不能傻傻地把备选答案一个一个地代入到题目中。

但是针对上文的题目，它的备选答案只有7个，只有7个呀！哪怕是一个一个地试，也比唐猴沙猪想破了脑袋，耗费很长时间要好得多，不是吗？

知道答案后，悟空、八戒和沙沙同学总算松了一口气，但是小唐同学除外，因为他明天要挑担子。

小唐同学说："寒老师，一星期是从星期一开始的，难道你不知道吗？"

"我知道呀。"我说。

小唐同学埋怨道："那你应该从星期一开始试验，然后试验3次就找到答案了。可是你为什么非要跳过星期三，从星期四开始试验，一共试验7次呢？你说你累不累！"

"我故意的！"

"瞧，你们瞧，寒老师故意耍咱们呢！"小唐同学说。

"实际上，就算我们从星期一开始，试验到星期三找到正确答案后，也得把后面的4天试验完。"我说。

"为什么呀？"小唐同学说，"你不累我们还累呢。"

"因为……万一这道题有两个答案呢？"

"显然，你错了，这道题只有一个答案。"小唐同学说。

"其实这道题是个多选题，它有两个答案，错的是你！"

"啊！"唐猴沙猪惊叫起来。

　　"不可能！"小唐同学站起来，一副不信的样子。

　　"赌吗？"我说，"如果还有另一个答案，那么接下来的一星期都由你挑担子。如果没有，我来挑一星期担子，怎么样？"

　　"这……这……"小唐同学一听，被吓住了，一屁股坐回地上，"这……这不是便宜了他们仨吗？我才不干呢！"

　　"你就是不敢赌！"八戒说。

　　"没错，我就是不敢，我就是不敢，哈哈！"说完，小唐同学朝八戒做了个鬼脸。

　　"好吧，那么你们现在开始找另一个答案。"我说，"还是老规矩，谁要是想不出来……"

　　"别啦！"悟空做出了一个暂停的手势，"这道题把我们折腾得太惨了，寒老师，你还是直接说答案吧！"

## 第二个答案

如果昨天是明天的话就好了，这样今天就是星期五了。那么今天是星期几？

之所以说这道题有两个答案，是因为题目中的"如果昨天是明天"可以有另一个含义，这个含义就是"如果昨天才是明天的话……"

那么得到的另一个答案就是：今天是星期日。

现在，咱们再来理理思路。

今天是星期日的话，昨天就是星期六。这样一来，如果昨天（星期六）才是明天的话就好了，那么今天就是星期五了。

瞧，这个答案是不是也说得通呢。

## 解题技巧

我们的汉语博大精深，一句话常常会有两种意思，这也是没办法的事。数学跟语文有很大的关系，我们在学好数学的同时也要学好语文。因为，如果语文学不好，我们可能就会只看出某句话的一层含义，而看不出来其他的含义，导致疏漏了答案。

假设刚才那道题出现在试卷中，而且指明是单选题，那么，你只要选中一个正确答案后就可以不用管它了。

但是，如果试卷上标明那是道多选题，那么此时，你就得再思考一下了，看看还有没有别的答案。

如果昨天是明天的话就好了，这样今天就是星期五了。

问：今天是星期几？（多选）

A.星期三　B.星期四　C.星期五　D.星期日

这道题很有趣，同时也很折磨人。不过，折磨之后总会有收获，它能锻炼我们的逻辑推理能力和语言能力，不会让我们白费脑筋哦。

我们又走了一段路，唐猴沙猪都说肚子饿得不行，可能是刚才思考题目，用脑过度的缘故。

八戒把箱子中的大饼和面包翻出来，我们每人分了一块，吃得非常香。

"没想到那道题会有两个答案！"小唐同学咬了一口面包，边嚼边说，"但是我敢肯定，出题的那个学生并不知道有两个答案。"

"为什么呀？"八戒咽了一口大饼，"千万不要以为别人跟你想的一样。也许那个同学聪明透顶！"

小唐同学不服气："这还用说吗？一星期7天，对于很多学生来说，最期盼的是星期五，因为第二天就是周末了。所以，刚才那个学生肯定是希望今天是星期五，而只有今天

是星期三才能满足题目中的条件。那个同学应该不知道'星期日'那个答案，何况，如果今天是星期日的话，他为什么还要去上学呢？"

"我还是那句话，不要以为别人跟你想的一样。"八戒说。

"你说什么？"小唐同学的脸憋得通红，"敢不敢跟我赌？等那个同学放学后，我们问问他，如果……"

"什么？"悟空睁大眼睛，"你们居然打算在这里傻坐着，等那个同学放学？而这么做只是为了弄清楚他到底知道几个答案？别闹了！"

一看悟空反对，沙沙同学慌了，因为如果现在就出发的话，他最累，毕竟八戒今天的担子归他挑了。

沙沙同学急忙站起来："别吵别吵，听我说两句，难道你们不觉得，刚才的那个同学是个数学高手吗？他只是轻描淡写地出了一道数学题，却折腾了我们这么久，要不是有寒老师，我们现在还不知道答案呢。此人很厉害，就为了这一点，我愿意等他放学，跟他打听一下，他为什么能把数学学得这么好。怎么样？反对的请举手！"

除了悟空以外，其他人都没有举手，沙沙同学又说："既然这样，那就少数服从多数！"

"好吧！"悟空坐了下来，"既然要浪费时间等待，那么我想问一下八戒，你还敢跟师父赌吗？如果你输了，后天你挑担子；要是你赢了，后天师父挑担子。怎么样？"

"没问题，我敢赌！"八戒自信地说。

"那咱们就骑驴看唱本，走着瞧！"小唐同学说。

就这么说闹着，时间很快就过去了。傍晚，那个小学生远远地出现了。

"这次，不能再让他说一句话就跑了，得好好问问他。"八戒坐直了身体，盯着那个学生。

"八戒，要是你有本事的话，就让他邀请咱们去他家，进他的书房里看看。这样咱们就知道他到底在看哪些数学书了。"小唐同学说。

"对哦！"八戒站起身来，"那咱们就试试吧！"

说着说着，那个学生走到了我们跟前。一看我们还在这里，他一脸纳闷儿。

"你们居然还没走？"学生问。

"唉，说来话长……请问你叫什么名字？"八戒问。

"我叫林开阳。"他说。

"好名字！"我拍了拍手，"开阳，你的名字特别好。"

"此话怎讲？"开阳不解。

"天上的北斗七星你应该听说过吧？开阳就是其中的一颗星！"

"嗯嗯，我爸爸就是这么告诉我的。"开阳说。

　　"你的父母一定是非常有学问的人！"小唐同学竖起了大拇指。

　　"是的，我父母很有学问！"开阳说。

　　"难怪！难怪！"八戒说。

　　"难怪什么？"开阳问。

　　"难怪你数学这么好！"八戒说。

　　"我数学好？"开阳露出了笑容，"哈哈，你又不是我的老师，你怎么会知道？"

　　"好吧，咱们回到你提的第一个问题——我们为什么还在这里？"八戒说。

　　"对呀，为什么呀？"

　　"我们在等你！"八戒一脸严肃。

　　"啊？"开阳吓得立即后退一步，"你……你们……我不认识你们呀！你们等我干什么？"

　　八戒解释道："别害怕，我们等你，是因为你给我们出

了一道数学题。这道题就是：
'如果昨天是明天的话就好了，
这样今天就是星期五了。那么
今天是星期几？'"

"哦……就是为了我的
这句话，你们居然就……哈
哈……"开阳明白过来后，立
即哈哈大笑。

"你别笑，为了这道题，
我们4个人可是思考了好久。
我师弟还因为用脑过度，从树
上掉了下来。"悟空说。

"什么？用脑过度？哈
哈……"开阳笑得前仰后合。

笑了半天，开阳才想起来

问："那你们最后想出答案了吗？"

"我们自己没想出来。不过，我们的寒老师后来把答案告诉了我们。"悟空指着我说。

"既然你们都知道答案了，为什么还要等我一下午？"开阳又问。

"我们虽然知道了答案，但是我们不知道，你是不是也知道答案。"八戒盯着开阳。

"哈哈……"开阳显得很自信，"真奇怪，哪有出题的人自己不知道答案的？你们几位可真有趣！"

"那可不一定哦！"小唐同学说，"开阳，既然你知道答案，那就请告诉我们吧。"

"这还不简单……今天是星期三！因为我还在上学！"开阳说。

"瞧瞧瞧，八戒你瞧，我说的没错！哈哈……"小唐同学笑着说。

八戒叹了一口气，一脸失望。

"但是呢，"开阳又说，"如果这是试卷上的一道多选题，那么还有另一个答案：今天也可以是星期日。"

小唐同学一听，顿时傻眼了，嘴巴张得

大大的，半天说不出话。

啪！八戒把巴掌拍得很响：“我就说嘛，开阳同学聪明透顶！嘿嘿……”

八戒兴奋地又蹦又跳，还跑过去一把抱住了开阳。

沙沙同学在一旁佩服地说：“天才！真是天才！”

听到沙沙同学这么说，开阳有点儿不好意思，脸都红了：“这只是一道数学题而已，我才不是什么天才呢。”

悟空走到开阳跟前，双手抱拳：“请允许我称呼你为开阳老师！”

“别！你们……你们……唉……”开阳一听，脸更红了，“我要回家了。”

“请等等！”八戒上前拦住开阳，“开阳老师，你的父母把你培养得真好，我想去问问他们是怎么教你数学的。”

“开阳老师，我还想去你的书房，看看你平时都看哪些数学书。”悟空接话道。

“这……这个……”开阳犹豫起来。

八戒赶紧说：“开阳老师，难道连这小小的请求你都不答应吗？我们不会给你添麻烦的。”

“好吧。”开阳小手一挥，“那你们跟我走！”

见开阳答应了，我们几个欢呼雀跃，赶紧跟着开阳朝他家走去。

路上，悟空关心地问："开阳老师，你带着我们去你家，就不怕我们是坏人吗？"

"怕呀！"开阳说，"但是，我是这样想的：如果你们是坏人，那么把你们带去我家，或者离我家比较近的地方，我反而更安全，因为我爸爸可以来救我；如果你们不是坏人，那么带你们去我家也无妨。我相信你们不是坏人，坏人可不会为了一道数学题等我一下午。"

"瞧瞧，开阳这智商真是太高了！"悟空说。

"唉，幸亏开阳已经上五年级了，而我连一年级都没上过，否则我真是无地自容了。"八戒说。

沿着坡脚走了一会儿，再穿过一条田间小路，走了大概15分钟，我们就来到了开阳家。他家是一栋二层小楼，很好看，院子里非常宽敞，有很多高大的树，还有不少花。

开阳的爸爸看见我们后，稍稍愣了一下："请问几位是开阳学校的老师吗？"

"恰恰相反，开阳是我们的老师！"小唐同学双手抱拳，说道。

"啊？"开阳的爸爸纳闷儿极了。

于是，开阳把事情的来龙去脉告诉了爸爸。

听完整个经过，开阳的爸爸露出了笑容："快快，进屋说话。"

开阳的爸爸热情地邀请我们进屋。来到客厅后，他又说道："我正好做完饭，来来来，快坐下来一起吃！"

吃饭的时候，小唐同学问："开阳，你的数学为什么那么好呢？"

"因为喜欢啊。"开阳放下筷（kuài）子，笑着说，"我最喜欢看各种数学书了，而且，我也特别喜欢思考一些有趣的数学题，对我来说，一道有趣的数学题就是一个趣味无穷的新世界。"

"没错，兴趣才是最好的老师！"沙沙同学点了点头。

"是呀，假如我不喜欢数学，而是只喜欢吃，那么……"开阳说，"我除了会胖得像一头小猪外，还能得到什么呢？"

我们忍不住哈哈大笑起来，只有八戒埋着头不说话。

开阳马上捂住了嘴："哎呀呀，对不起，我不是说你。虽然你很胖，但我真的不是说你，我只是随口举个例子而已。"

"我知道你不是说我。"八戒抬起头，脸红红的。

小唐同学看见八戒的样子，忍不住捂嘴偷笑。

吃完饭，我们来到了开阳的书房。正如我们所料，这里有好多好多书。

开阳把他看过的各种数学书拿出来给我们看，但是，我们不可能在短时间内看完，于是就用笔记下了书的名字，准备等以后有机会再找这些书来读。

接着，开阳带我们来到了他的房间。房间里有一个大钟发出了"滴答——滴答——"的声音。

"哎呀，怎么才5点多呀？我还以为很晚了呢！"八戒吃惊地说。

"千万不要相信这个大钟！"开阳望着我们，神秘地说。

"为什么呀？"悟空急忙问。

"因为这个钟变懒了。"开阳说。

"也就是说，这个大钟走得不准呗。"八戒说，"那你为什么还留着它？干脆把它扔了得了，让你爸爸再给你买一个新的。"

"我舍不得扔掉，从我懂事起，这个大钟就陪着我了。"开阳说，"更重要的是，这是我奶奶送给我的，是个珍贵的纪念品。"

"但是……你就不怕因为这个大钟耽（dān）误了上学的时间吗？"沙沙同学皱着眉头说，"哪天早上，你一觉醒来，看到钟表显示才早上6点，但实际上已经是早上8点了，可是你以为时间还早，那岂不是会迟到？"

"不用担心。今天是因为遇到了你们，我才没来得及调这个钟。"开阳对我们说，"平时，每天傍晚6点，我都会调一下这个大钟，把它的时间调到与标准时间相同，也就是6点整。等到晚上9点时，就是不用看，我也知道这个大钟是几点几分。"

"到底是几点几分呢？"悟空问。

"8点45分！"开阳回答。

"也就是说，傍晚6点的时候，你把钟调准，3小时后，也就是9点时，这个大钟会慢15分钟。"八戒说。

"就是这样！"开阳说，"所以，等到第二天早上，我也不怕弄错时间，只要在这个大钟显示6点17分的时候，我离家去上学，那就保证不会迟到。"

"可是，大钟上显示6点17分的时候，实际上是几点呢？"悟空问。

"很好算呀！"开阳看了看我们，"我相信你们肯定能算出来。"

"这……"小唐同学愁眉苦脸。

"我正头疼没什么题考你们呢。唐猴沙猪，这就是一道数学题。还是照老规矩，你们开始做吧！"我说。

"可是……现在已经很晚了，咱们应该离开了吧？"小唐同学看着窗外说。

小唐同学虽然是在找借口，但他说的有道理，这么晚了，我们留在这儿，会打扰开阳和他爸妈休息。于是，我们几个准备告辞。开阳的爸爸听说我们要离开，再三挽留我们，让我们今晚住在他家。

盛情难却，我们最终住了下来，卧室是位于二楼的一个大房间。

深夜，大家躺在床上，又开始讨论起那道题来。

"八戒，这次你想题的时候可不能再睡着了。"我说。

"一定不会！"八戒信誓旦旦地说。

然而，不到半小时，阵阵鼾（hān）声就从八戒那边传来。

小唐同学、悟空和沙沙同学一看八戒睡着了，心里窃喜。他们不用再紧张了，因为只要思考下去，总能把题目做出来，一定会赢过八戒。

果然，没有压力的他们很快就把这道题做出来了。

第二天，为了不再麻烦开阳一家，我们早早起床，和开阳的爸爸告别。这时，开阳还在睡觉呢。开阳的爸爸把我们送出门后，悟空扭头对他说："请您转告开阳，就说他昨天给我们出的题，我们做出来了，答案是 7 点 24 分。"

"7 点 24 分？"开阳的爸爸问，"这是什么题的答案？"

"您只要说 7 点 24 分就行了，开阳这么聪明，肯定明白我们说的是什么。"我说，"感谢您的招待，也替我们谢谢开阳。他真是一个既聪明又肯用功的孩子！"

说完后，我们便和开阳的爸爸挥手告别。

路上，八戒一脸懊（ào）恼。

"哎呀呀！"八戒直拍脑袋，"我昨晚居然又睡着了！"

小唐同学虽然挑着担子，但也不忘气一气八戒："哈哈，幸好你睡着了，否则我们可能还做不出来那道题呢。"

"为什么呀？"八戒一脸警觉地看向小唐同学。

"那还不简单。"小唐同学说，"因为你睡着了，所

以，不管怎样肯定都是你输。于是，我们放松心态，专心思考，很快就把题做出来了。"

"哼，这回算便宜了你们仨！"八戒说完，转头问我，"寒老师，7点24分到底是怎么算出来的呢？"

## 识破懒钟

在解答上文的题目之前，我们先来认识一下钟表。

钟表上被划分出 60 个小格，分针走 1 小格就是 1 分钟，转过 1 圈，也就是转过 60 小格后就是 1 小时。60 个小格能组成 12 个大格，每个大格包含 5 个小格，时针走过 1 大格后就代表过了 1 小时。

　　故事中的懒钟走得不准，显示的时间跟标准时间是不一样的，所以，懒钟上的 1 分钟并不是真正的 1 分钟。为了避免混淆（xiáo），我们可以把懒钟的分针走过的 1 小格不叫 1 分钟，而叫 1 格，这样的话，我们就能把它跟标准时间区分开了。

　　懒钟在傍晚 6 点被校准，到晚上 9 点时，它显示的错误时间是 8 点 45 分。

　　这告诉我们，只要经过 3 小时，懒钟便会慢 15 分钟。而 1 小时等于 60 分钟，也就是说，每经过 3 个 60 分钟，也就是 180 分钟，懒钟便会少走 15 分钟，180 减去 15 等于 165。这下我们就清楚了，每经过 180 分钟，懒钟上的分针实际上走过了 165 个小格。

　　那么，懒钟从傍晚显示的 6 点到第二天早上显示的 6 点 17 分之间，分针走过了多少格呢？

不难算出，分针转过了 12 圈外加 17 格，1 圈等于 60 格，所以懒钟上的分针走过了：60 × 12 + 17 = 737（格）。

懒钟走过 737 格，实际上用了多长时间呢？要知道这个答案，我们首先得知道，懒钟上的分针走 1 格实际用了多长时间。之前我们已经知道，懒钟的分针每走过 165 格实际上需要 180 分钟，所以，我们用 180 除以 165，就得到了懒钟的分针每走 1 格所需的时间。算出这个结果，再用它乘以 737，就能算出懒钟走过 737 格所用的时间。

列出算式就是：180 ÷ 165 × 737 = 804（分钟）。

由于 1 小时等于 60 分钟，所以 804 分钟实际上就是 13 小时 24 分钟。从傍晚 6 点开始，经过 13 小时 24 分钟后，应该是第二天早晨的 7 点 24 分。

## 回到万年前

　　红红的大太阳已经从东边的山头露出了半张脸，哪怕是只看它一眼，我们也能体会到很温暖的感觉。路旁的灌木枝叶，还有地面的小草上，都布满了晶莹剔（tī）透的露水。

　　"有时候想想，时间真的很神奇。"八戒说，"我们现在能把时间划分到'秒'，但是一万年前的古人肯定没有钟表，他们是怎么测算时间的呢？"

　　"一万年前？别说划分到秒了，哈哈……"小唐同学说，"估计划分到'年'他们也搞不定，那可是一万年前呀！"

八戒反驳道："你又不是那时候的人，你怎么就这么肯定呢？"

"不信咱们就去看看！"小唐同学说。

"谁怕谁，看就看呗！"八戒说。

"嗨嗨嗨，我说你们两个，"悟空插嘴道，"说得就好像没有我你们也能去似的。"

小唐同学一听，立马嬉皮笑脸起来："嘿嘿，悟空要是不同意，我们还真去不了！"

八戒夸张地说："猴哥要是不乐意帮忙，没有一个地球人能回到古代。"

"包括外星人。"沙沙同学一本正经地接了一句。

悟空被大家这么轮番一说，脸一下子红了："得了得了！别再说了，你们看到前面那座大山了吗？"

悟空说着，指向几千米外的一座大山："山上肯定会有洞什么的。咱们可以找个洞，把担子放在里面，再吃点儿东西，然后就出发！"

"太好啦！"小唐同学一听，猛跑了好几步。要知道，他肩上正挑着担子呢，看来人在兴奋的时候真是精力充沛啊。

因为心情愉快，我们感觉没走多久就来到了那座大山脚下。大家抬起头仔细观察，希望能找到一个黑黑的洞口，好把担子藏在里面。

然而，山洞可遇不可求，我们硬是没找到。最后，我们只好来到山上的一块大石头旁。那块石头非常大，而且向外突出，只要把担子放在大石头下，就能避免日晒雨淋。

　　八戒把所有能吃的东西都翻了出来，分成两半。他把其中一半包起来留好，然后把另一半平均分给每个人。

　　吃完后，悟空擦擦嘴巴，大喊一声："出发！"

　　不一会儿，我们就回到了遥远的过去。

　　这真是一个截然不同的世界。没有人烟，没有房子，只有连绵起伏的山脉。

此刻的我们正站在一个山坡上。周围有一些大树，地上东一块，西一块，都是白白的雪。

我们冻得直发抖，不禁怀念起一万年后的好天气来。

"悟空，你怎么把我们带到了这么冷的地方呀？"小唐同学把手抱在胸前，"我快要冻死了！"

"很抱歉，出了点儿小意外。咱们烧火取取暖吧。"悟空说。

"去别的地方吧！我才不要在这里……"八戒嚷着。

咚——咚——咚——

八戒的话音刚落，我们就听到了一阵脚步声。

大家不再说话，开始紧张地盯着传来声音的方向。

过了一会儿，一对长长的大牙从树林里露了出来。这可把小唐同学吓坏了，他啥也没说，抬腿就要跑，被悟空一把拉住了。

"师父，别怕！"悟空指着前方，"那只是头跟大象长得差不多的动物而已。"

"那是长毛象！"我说，"天哪，我们居然看到了已经灭绝的长毛象！"

"寒老师，它们会吃人吗？"小唐同学抓住我的胳膊。

"它们只吃唐僧肉。"我说。

"啊？"小唐同学被吓得不轻。

看见小唐同学紧张的表情，大家都笑了起来。

然而，就在此时，危险来了。

只见七八头长毛象从树林里跑了出来，在它们身后，竟然还跟着十几只凶猛的野兽。

这些野兽长得有些像老虎，但牙齿比老虎的要长得多，很可怕。这下，不光小唐同学紧张，连沙沙同学和八戒也跟着紧张起来。

"它们是剑齿虎！大家别慌，咱们慢慢离开这儿，争取不引起它们的注意。"我指了指几百米远的一座山，"走，咱们去那座山。"

于是，我们几个朝那座山走去，一边走还一边紧张地回头张望。沙沙同学走在前面，悟空和八戒殿后。

不料，剑齿虎发现了我们。它们看到我们比长毛象小多了，于是毫不犹豫地朝我们逼近。

我们一看，更紧张了。

悟空说："反正咱们是走不了了，还不如停下，给这些剑齿虎一点儿教训！"

说着，悟空、八戒、沙沙同学把我和小唐同学围在了中间，他们手持武器，面朝那些慢慢走过来的剑齿虎。

这些剑齿虎很聪明，它们没有从一个方向靠近，而是把我们围了起来。

一只剑齿虎首先跑了过来，正对着沙沙同学的方向。沙沙同学扎起马步，同时把他的月牙铲高高举起。

　　等那只剑齿虎再走近一些，沙沙同学瞄准时机，挥起月牙铲拍了下去……

　　啪！剑齿虎头部中招，大叫一声，马上退了回去。但是那些家伙怎么肯罢休，几秒钟后，又一只剑齿虎朝悟空的方向来了。悟空早有准备，等剑齿虎蹿过来攻击时，他突然跳起，用金箍棒击打剑齿虎的后背。

　　一声闷响过后，剑齿虎被打翻在地，发出痛苦的叫声。其他剑齿虎一看，觉得我们不好惹，这才慢慢退了下去。

　　"好啦！"八戒放下他的九齿钉耙（pá），"相信它们不敢再招惹咱们了，咱们放心地走吧！"

于是，我们不再管那些剑齿虎，而是径直朝我刚才提到的那座山走去。

"寒老师，咱们去那座山干什么？"八戒问。

"找洞！"

"直接在这里生堆火暖和暖和多好！"八戒又说。

"说是找洞，其实是要找房子。"我说，"悟空把咱们带到了一万多年前，这时候的人，多半住在洞里呢。"

"原来如此！"小唐同学说，"那咱们快去找洞……不对，去找房子吧！"

为了让身上暖和，大家开始小跑起来。不一会儿，我们就来到了山脚下。爬上山后，我们果然发现了一个黑黑的洞口。

沙沙同学对着洞口喊了几声："有人吗？里面有人吗？"

结果，没有任何动静。于是，我们直接试探着进洞了。

洞里面很宽敞，但是没有人。不过，我们看到了一些让人兴奋的东西——有关长毛象的壁画。

"这里肯定住着人！"八戒说，"你们看这些画，我甚至能想象出他们在洞中作画的样子。"

"但现在这里没有人。"小唐同学说，"要不，咱们去另外一个时代看看吧，我总觉得这次穿越好像不太成功。"

"慌什么！"八戒捡起地上的一根木柴，说道，"咱们

先烧堆火取暖。我估计呀，洞
中的人出去打猎了，一会儿他
们肯定回来。"

　　八戒的提议得到了大家的赞
同。于是，我们开始分头找材料生
火。没过多久，一堆大火在宽敞的
洞中熊熊燃烧起来。正当我们舒舒服
服地烤着火时，洞外传来了一阵叽叽
喳喳的声音。

　　我们知道他们在说话，但听不懂他
们在说什么。悟空站了起来，在我们每个
人身上施了一个小法术，瞬间，我们就能
听懂洞外的那些声音了。

　　果然，洞外的声音来自于人——

"快！把弓箭准备好！"

"我去把他们引出来，然后你们用长矛刺他们！"

…………

天哪，原来他们正在谋划怎么把我们干掉！

我们才不要跟他们为敌呢，虽然他们是一万多年前的人，但是，在这个野兽横行、人迹罕至的地方，哪怕是见到一个陌生的怪人，我们也会觉得像见到亲人一样。

"洞外的朋友！"悟空大声说，"我们不是敌人！"

"我们是你们的客人！"八戒补充道。

喊完后，悟空回头对我们说："刚才我施的那个法术也能让他们听懂咱们的语言。你们在此等候，我去跟他们说明情况。"

悟空小心地往外走。然而他刚走到洞口，我们就看见一块石头朝他飞来。好在悟空早有防备，一伸手就把那块石头抓住了。紧接着，一块更大的石头又飞了过来，还是被悟空抓住了。

"别这样，咱们可以成为朋友！"悟空说。

洞外的人见悟空武艺高强，但并没有要跟他

们打斗的意思，于是放松了警惕，随悟空一起走进洞中。他们七八个人，有男有女，有老人也有小孩。

"他们身上的毛发可真重。"八戒看了看他们，又打量了一下悟空，忍不住捂嘴偷笑，"猴哥，他们是不是你的兄弟姐妹啊？"

悟空没说什么，只是瞪了八戒一眼。

"那个……请问您高寿？"八戒走到那些人旁边，询问一个胡子最长的男子。

"高寿？什么是高寿？"大胡子一脸纳闷儿。

"意思就是说，您从出生到现在，已经过了多少年？"我解释道。

"你在说什么？"他还是不懂。

哎呀，这里的人还真的连"年"是什么都不知道。我们几个面面相觑（qù），不知道下一步该怎么问了。

许久，沙沙同学才打破了沉默，指着地上摆放的几个核桃问："你们平时自己种核桃吗？"

"外面的核桃都摘不完，我们为什么要自己种呢？"一个妇女说。

"原来如此。"我忽然明白过来，对唐猴沙猪说，"虽说春天播种，秋天收获，但前提是他们得知道何时是春天，要是在冬天播种的话就麻烦了。而要知道季节，必然就会涉及'年'的概念。可是，他们根本不种植，只靠打猎和采摘度日，所以还不知道什么是'年'。"

"那……请问各位，"八戒又说，"你们知道'天'吗？就是太阳从东边升起，从西边落下，直到再次升起这个过程。"

大胡子一听，一下就明白了："这个我们当然知道了。我们就是按照'天'来作息的。天亮的时候，我们出去打猎、采摘；天黑的时候，我们就在洞里睡觉。"

"那么小时……"小唐同学说完，马上就犹豫了，这时的人应该不懂把一天划分成24小时，问了也白问。于是，他急忙说："各位朋友，很高兴认识你们，我们要走了。"

"别着急走呀！"另一个妇女对小唐同学说，"我看你长得挺白净的，不如……"

她指了指站在自己身边的女孩，继续说道："我女儿也长大了，虽然她没有你白，但是，她采摘的本领比我还强。要不，你就留下来，给我女儿当丈夫吧！"

小唐同学看了她女儿一眼，吓得腿都软了，连连摆手："不不不，谢谢您的好意，我们真的要回去了！"

## 一天的开始

远古人虽然不能区分年和月，但是可以区分出一天。他们每天都是日出而作，日落而息。

现代人都知道，一天是从深夜的0点0分开始，到第二天的0点0分结束。而我们一般所说的"白天"，是根据日出和日落划分的。

然而，在很久以前，人们对"天"还没有这样的认识。例如，在古埃及和古巴比伦，"一天"就是从日出开始的，一个日出到另一个日出之间为一天。

## 没有金字塔的埃及

离开那个山洞后，我们并没有直接回去，而是穿越到了一个不是那么久远的时代。

"一条大河？"八戒望着眼前滚滚的河水，感到有些疑惑，"这是哪里？黄河边上吗？"

"我也不知道！"悟空东瞧瞧，西望望。

"大江大河都长得差不多，这怎么分辨呀……咱们还是赶紧找到当地人打听打听吧。"我说。

我们沿着河边走啊走，走了好久才终于遇到一个老爷爷。他长着一副外国人的面孔，穿着打扮也有些怪异。

　　"老爷爷，请问这是哪里？"小唐同学问。

　　"这是埃及啊。"老爷爷说。

　　"原来这里是埃及呀！"八戒一听，兴奋地拍了拍手，"待会儿我要去看金字塔。"

　　"什么金字塔？"老爷爷看着八戒，一脸纳闷儿。

　　"老爷爷，您到底是不是埃及人呀？怎么会不知道金字塔呢。"八戒觉得很奇怪。

　　"什么话，我当然是埃及人啦！"老爷爷有点儿生气。

　　我忽然明白是怎么回事了，赶紧说道："八戒，埃及是有金字塔，但是咱们来的这个年代太早了，金字塔还没建起

来呢。"

　　"不知道你们在说什么。我要走了！"老爷爷说完，迈步向前走去。

　　"别走别走，老爷爷，我们想请教您一个问题。"沙沙同学追上去，拉住老爷爷的胳膊，问道，"那个……您知道'年'吗？"

　　"当然知道啦！"老爷爷说。

　　"那么，一年从何时开始呢？"沙沙同学又问。

　　老爷爷指着旁边的河水，自豪地说："看，这条尼罗河奔流不息，我们就是用它来计算年的。当尼罗河开始泛滥( làn )的那一天，就是一年的开始，等到它再次泛滥的时候，这中间正好经过了一年。"

　　"什么？你们居然是这样划分年的？"八戒惊讶极了，"这方法实在是太奇特了。"

　　跟老爷爷告别以后，悟空又带着我们穿越到了一个距今8000 多年的时代。不出所料，我们又打听到了更有趣的事。

　　在那个时代，有的人告诉我们，每当看到一种花开的时候，就是一年的开始；还有的人说，每当看到一种特定的鸟开始迁徙时，一年就开始了。

　　经过多次穿越，大家有些累了，于是，我们在悟空的带领下回到了现在。

"今天真充实，穿越了好几次！"八戒说，"古人测算时间的方法可太有意思了！"

## 季 节 年

现代人很清楚，地球围绕太阳公转一圈就是一年，但是古人不知道这一点。2500多年前有人甚至认为，不是地球围绕太阳转，而是太阳围绕地球转呢。

所以，在遥远的过去，人们无法准确地划分出一年的时间，只能根据一些自然规律来大致推断一年从何时开始。比如，古埃及人发现，尼罗河每隔一段固定的时间就要泛滥一次，于是，他们便把尼罗河泛滥的那一天定为一年的开始。还有一些地方的人，根据候鸟的迁徙或某种花绽放的时间来确定一年的开始。

像这种根据重复出现的季节性事件来确定的"年"，就叫作季节年。

131

我们在之前存放担子的大石头下短暂休息了一会儿。八戒四处张望，没有发现什么房子，只看到了一些光秃秃的小山。

　　"情况不太妙呀！"八戒转头看着大家。

　　"怎么啦？"小唐同学问。

　　"你们看，周围没有人家，咱们今天可能就要在这块大石头下过夜了。"八戒一脸担忧。

　　"过夜就过夜，这算什么呀，咱们又不是第一次露宿荒野！"小唐同学说。

　　"就是嘛，不要大惊小怪。"悟空也说。

"人无远虑，必有近忧。"八戒说，"你们想一想，现在才傍晚，咱们还要在这里度过漫长的一夜。大家的肚子已经很饿了，可是剩下的食物并不多。如果把它们平均分成5份，每个人都吃不饱，平均分成3份还差不多。"

"3份？八戒……你这是什么意思？打算不让谁吃？"小唐同学警觉起来。

"没什么没什么。"八戒摆手道，"我只是说出咱们现在的处境而已。"

小唐同学一听，眼珠一转："八戒，现在就是你减肥的最佳时机！"

"师父，你真会说笑话，我的肚子正饿得咕咕叫呢。"八戒说，"要不这样，咱们选出两个人到外面去找一些吃的，比如野果、土豆什么的，怎么样？"

"我腿疼，我可不去。"小唐同学说完，一屁股坐了下来。

"啊，我头疼。"悟空捂着头，也坐了下来。

"我还肚子疼呢！"八戒指着他们，"瞧你们一个个的，都这么懒。"

沙沙同学一看，不知如何是好，只得挠着头问我："寒老师，你说该怎么办？"

"我也不知道该怎么办。"我说，"八戒说的也没错，如果把食物平均分成5份，大家都吃不饱。"

正说话间，一只兔子从我们身边跑了过去，几秒钟后，一条饿狼又出现在我们的视线中。原来是狼在抓兔子呢！

"瞧瞧瞧！那条饿狼为了食物，那么拼命，即使追得气喘吁（xū）吁也在所不惜，而你们……"八戒指着大家，"吃饭不积极，大脑有问题。"

"你才有问题呢。"小唐同学说，"反正我就是腿疼。"

沙沙同学没想别的，而是看着那只可怜的兔子说："真揪心呀！不知道那只兔子会不会被饿狼追到，但愿它能成功逃脱。"

"唉，别管它们了。弱肉强食，这是大自然的生存法则，咱们也没辙。"我说，"这样吧，咱们把剩下的食物平均分成3份，接着呢，咱们来做一道关于时间的数学题。我和最

先做出来的两个人吃掉那 3 份食物。这样的话，就会有两个人没有吃的，此时，他们就有动力外出找食物了，就像刚才那条饿狼一样，甭管他们是腿疼、脑袋疼还是肚子疼，我相信他们都会尽力去找的。"

"这办法好！"大家异口同声。

"既然大家都同意，那我就拿狼和兔子来出一道题吧。"我说，"一条狼发现，在距离它 10 米远的地方有一只兔子在吃草，此时呢，兔子抬头也看到了狼。狼和兔子对视一眼后，狼马上就向兔子冲了过去，几乎同时，兔子开始拔腿飞奔。题目的已知条件是，狼跑 7 步的距离跟兔子跑 11 步的距离相等。但是我们都知道，虽然兔子的步子短，但迈腿速度快，兔子跑 4 步的时间跟狼跑 3 步的时间相等。现在，问题来了，狼能追上兔子吗？"

我刚说完题目，唐猴沙猪就开始紧张地思考起来。

十几分钟后，八戒激动地宣布："我做出来了！"

我有点儿怀疑："八戒，你会不会是做错了？赶紧过来小声地跟我说说。"

"寒老师，你不信我呀？"八戒说完，走到我身边小声地说出了他的答案。

"正确！"听八戒嘀咕了一阵后，我笑着说。

其他人一听，心里更紧张了。

过了一会儿，沙沙同学也做出来了，而且答案也是正确的。

"太好了！"八戒说，"沙师弟，你赶紧把食物分成3份。"

于是，沙沙同学把箱子里的所有食物都拿出来，分成了3份。八戒二话不说，跑过去拿起2份，并把其中的1份递给我。

然后，八戒就大口吃起来，边吃边笑："真好

吃，哈哈！"

"瞧你那吃相，"小唐同学说，"真难看！"

"是吗？"八戒转向小唐同学，"师父，你是不是看错了？我的吃相怎么会难看呢，你再仔细看看！"

说着，八戒故意跑到小唐同学面前，大吃起来。

"你得意什么呀！"小唐同学一把推开八戒，对悟空说，"走，悟空，咱们找吃的去！"

"好！"悟空吆喝着，"师父，我带你找好吃的去！"

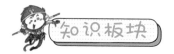
知识板块

### 狼能不能追上兔子

狼到底能不能追上兔子？这主要跟狼和兔子的速度有关系。

如果狼的速度没有兔子的快，那么狼永远都追不上兔子。

如果狼和兔子的速度一样快，那狼还是永远都追不上兔子，因为它们之间有一段距离。

但是，如果狼的速度比兔子的快，哪怕只快一点儿，那么它只要一直追下去，准能追到兔子。

现在，我们就来看看，到底是狼跑得快，还是兔子跑得快。

已知条件1：狼跑7步等于兔子跑11步。

从这里，我们可以计算出狼跑1步的距离是兔子的多少倍。怎么算呢？咱们可以用 $L$ 代替狼跑1步的距离，用 $T$ 代替兔子跑1步的距离，于是就有了这样一个式子：$7L=11T$。把这个等式两边分别除以7，得到 $L=\frac{11}{7}T$。

已知条件2：兔子跑4步的时间跟狼跑3步的时间相等。

显然，在相等的时间内，谁跑的距离长，谁的速度就更快。所以，只要我们能比较出兔子的4步和狼的3步哪个距离更长，就能知道谁的速度更快了。

上面我们已经求出来：$L=\frac{11}{7}T$，所以，狼跑3步就是：$3\times L=3\times \frac{11}{7}T=\frac{33}{7}T$。

又因为，狼跑3步的时间跟兔子跑4

步的时间相等。于是，我们最后就来比较一下：$\frac{33}{7}T$ 和 $4T$ 哪个更大。怎么比？由于 $4 \times 7 = 28$，所以 $4T = \frac{28}{7}T$。显然，$\frac{33}{7}T$ 要大于 $\frac{28}{7}T$，因为在分母相同的情况下，分子越大，分数的数值就越大。

经过计算，结论是：狼肯定能追上兔子，因为狼的速度比兔子的快。

悟空和小唐同学出去了几小时，直到深夜才回来。

小唐同学坐在篝火旁，边揉肚子边说："糟了，吃得太撑了！"

"别装了！"八戒笑了笑，"师父，你就说实话吧，其实你们根本就没找到吃的。"

"谁说的？"悟空舔着嘴唇说，"我们不但找到了，而且还找到了特别好吃的东西，你们从来没吃过！"

"什么东西？"八戒睁大眼睛，开始流口水了。

"就不告诉你，哈哈！"小唐同学说。

大家说说笑笑，没过多久就在篝火旁睡着了。悟空和小唐同学到最后也没告诉我们他们到底吃了什么好吃的东西，真是吊足了我们的胃口。明天，我们的数学之旅仍会继续，虽然不知道今后还会发生什么，但我相信，只要唐猴沙猪在西行的路上不断学习，总有一天会变成厉害的数学高手。让我们一起拭目以待吧……